Bernhard Leiße

Holz natürlich schützen

Bernhard Leiße

Holz natürlich schützen

Schäden vermeiden, Werte erhalten

Reihe Sanfte Chemie

C.F. Müller Verlag
Alembik Verlag

Die Deutsche Bibliothek - CIP Einheitsaufnahme

Leiße, Bernhard:
Holz natürlich schützen: Schäden vermeiden, Werte erhalten/
Bernhard Leiße. - 1. Aufl. - Heidelberg: C.F. Müller;
Braunschweig: Alembik-Verlag, 1996 (Reihe Sanfte Chemie)
ISBN 3-7880-9887-2

1. Auflage 1996

Titelentwurf: Johannes Nawrath
Satzverarbeitung: Diotima Piontkowski
Druck und Verarbeitung: Greiser-Druck, Rastatt
Gedruckt auf 100 % Recyclingpapier

Printed in Germany
ISBN 3-7880-9887-2

Inhalt

1. Holz als Grundstoff für ein ökologisches Zeitalter 7

2. Gefährdung von verbautem Holz durch Schädlinge 12

2.1 Lebensbedingungen und Angriffsvermögen pflanzlicher Schädlinge 13
2.2 Lebensbedingungen und Angriffsvermögen tierischer Schädlinge 22
2.3 Witterungseinflüsse auf außen verbautes Holz 31
2.4 Reale Gefährdung von Holz durch Schadorganismen 34
2.5 Beanspruchung von Holz in der Praxis: Definition und Einteilung in Gefährdungsklassen 37

3. Bewährte vorbeugende Holzschutzmaßnahmen in den einzelnen Gefährdungsklassen 49

3.1 Ist Holzschutz notwendig? 49
3.2 Vorbeugender Holzschutz in der Gefährdungsklasse 4 51
3.3 Vorbeugender Holzschutz in der Gefährdungsklasse 3 54
3.4 Vorbeugender Holzschutz in der Gefährdungsklasse 2 60
3.5 Vorbeugender Holzschutz in der Gefährdungsklasse 1 65
3.6 Gefährdungsklasse 0/W 67
3.7 Gefährdungsklasse 0/iW 69
3.8 Gefährdungsklasse 0 70
3.9 Nachbehandlung des Holzes 70

4. Vorbeugender konstruktiver Holzschutz 71

4.1 Bauschäden durch Holzschäden 71
4.2 Konstruktiver Holzschutz 71
4.3 Resistente Holzarten: Überblick 78

5. Bekämpfung eines vorhandenen Schädlingsbefalls, Sanierung und Instandsetzung des Holzes 80

5.1 Erkennen der Holzschädlinge 80
5.2 Bekämpfungsmaßnahmen bei Befall holzzerstörender Pilze 85
5.3 Bekämpfungsmaßnahmen bei Befall holzzerstörender Insekten 88
5.4 Physikalische Bekämpfungsmethoden 92
5.5 Beseitigung von starken Witterungsschäden und Bläuebefall 97

6. Natürliche Holzschutzmittel 99
6.1 Allgemeines zu natürlichen Holzschutzmitteln 99
6.2 Borate 100
6.3 Holzteer 103

7. Verfahren zur Anwendung von Holzschutzmitteln 113
7.1 Oberflächenverfahren 114
7.2 Einlagerungsverfahren 115
7.3 Druckverfahren 117
7.4 Erforderliche Einbringmengen und deren Kontrolle 119
7.5 Spezialverfahren bei bekämpfendem Holzschutz 121

8. Ungeeignete Methoden des natürlichen Holzschutzes 123
8.1 Holzessig 123
8.2 Kristallisierung und Verkieselung 123
8.3 Waid 124
8.4 Sonstige (Bienenwachs, ätherische Öle...) 125

9. Neue Ansätze für einen natürlichen Holzschutz 126
9.1 Wahl des richtigen Fällungszeitpunktes 126
9.2 Neem als vorbeugendes und bekämpfendes Holzschutzinsektizid 127
9.3 Hibaöl, Thujaplicin und Zedernholzöl 129
9.4 Sonstige pflanzliche Extrakte und Drogen 130
9.5 Soda, Pottasche 131
9.6 Juvenilhormone 132

10. ... und die Folgen (Ausblick) 133

11. Anhang 136
11.1 Anmerkungen 136
11.2 Literaturverzeichnis 142
11.3 Stichwortverzeichnis 148

1. Holz als Grundstoff für ein ökologisches Zeitalter

Die weltweite ökologische Bewegung, die neben den grün-alternativen Strömungen der Industrienationen auch die dritte Welt erfaßt hat und als Zeichen eines neuen Zeitalters gelten kann, bedeutet eine einzigartige Chance für das Holz. Dieser Naturstoff mit seinem umweltfreundlichen, regenerativen, restlos wiederverwertbarem Charakter, mit seiner unendlichen Vielfalt und vielseitigen Verwendbarkeit ist nachgerade prädestiniert, zum Grundstoff eines ökologischen Zeitalters zu werden.

Endlichkeit nicht regenerativer Ressourcen...

Daß dieses ökologische Zeitalter kommen wird, ist gewiß. Das Gesetz der Energieerhaltung zwingt uns in zunehmendem Maße, die Endlichkeit der energetischen Ressourcen auf unserem Globus zu berücksichtigen und Verfahrenstechniken bei der Herstellung sowohl von industriellen Produkten als auch von handwerklichen Erzeugnissen zu entwickeln, bei deren Anwendung auf den Einsatz fossiler Energieträger (Erdöl, Erdgas, Kohle etc.) so weit wie möglich verzichtet wird. Auch als Rohstoffquelle sind diese nicht regenerativen Ressourcen bald erschöpft; ihre Verarbeitung zu Industrie- und Alltagsprodukten wird bald der Vergangenheit angehören. Stattdessen kann nur noch auf die Nutzung eines außerirdischen Energieträgers und Motors allen Rohstoffwachstums (Sonnenenergie und Beweggrund allen photosynthetischen Substanzaufbaus) gesetzt werden.

... und Deponien

Auch das Gesetz der Massenerhaltung zwingt uns immer mehr, die Endlichkeit nicht nur der stofflichen Quellen, sondern auch der stofflichen Senken auf unserem Globus (Deponien, Umweltmedien, Atmosphäre) in Rohstoff- und Produktkonzeptionen mit einzubeziehen. Jedes industrielle Erzeugnis aus fossilen Rohstoffquellen endet – auch nach dem x-ten Wiederverwertungszyklus – letztlich nun einmal in der Umwelt, zumindest in Form seines Ausgangsmaterials Kohlenstoff. Eine wesentliche Konsequenz dieses Naturgesetzes ist, auf den Einsatz nichtregenerativer Rohstoffe zunehmend zu verzichten und den Einsatz erneuerbarer Rohstoffe, die natürlichen Kreisprozessen entstammen, zu fördern.[1]

Holz als Musterbeispiel für einen ökologischen Grundstoff

Holz ist ein Musterbeispiel für einen ökologischen Grundstoff. Aufgebaut aus dem Kohlenstoff der Erdatmosphäre setzt das Holz – wie grundsätzlich alle Substanz pflanzlicher Herkunft – beim Abbau stets nur exakt die gleiche Menge an Kohlendioxid frei, die ursprünglich bei der photosynthetischen Bildung aus der Atmosphäre assimiliert worden ist. Assimilation und Dissimilation (meist in Form von ›Veratmung‹ durch Mikroorganismen) stehen in einem perfekten stofflichen Gleichgewicht. Als einer der wenigen dauerhaft zur Verfügung stehenden weil nachwachsenden Rohstoffe macht Holz keine

Schulden bei der Natur. Holz ist ungefährlich und reichert sich weder in Wasser, Boden noch in Luft an. Dies gilt für den gesamten Lebenszyklus naturbelassenen Holzes von der Entstehung durch Wachstum im Wald über die Verarbeitung und Nutzung bis hin zur Wiedereingliederung in den Naturkreislauf. Wesentliche Voraussetzung und entscheidendes Kriterien sind die nachhaltige Bewirtschaftung der Wälder und die Vermeidung der Verunreinigung von Holz und Holzprodukten mit Stoffen nicht natürlicher Rohstoffzusammensetzung.

Gerade hier besteht besonders dringender ökologischer Handlungsbedarf. Eher selten wird Holz als naturbelassener oder mit Naturprodukten behandelter Roh- und Werkstoff eingesetzt. Die Vermischung mit chemisch-synthetischen Erzeugnissen – sei es in Form von Leimen, Lacken, Farben oder Holzschutzmitteln – ist leider immer noch die Regel. Vor allem der Schutz des Holzes vor vorzeitigem Abbau durch Organismen mit chemischen Holzschutzmitteln hat zu erheblichen toxikologischen und ökologischen Problemen geführt.[2] Zahllose Anwender von Holzschutzmitteln und Nutzer imprägnierten Holzes, oftmals beraten und beeinflußt bis zur Fremdbestimmung, haben durch chemische Holzschutzmittel schwere, langanhaltende Gesundheitsschäden erlitten. Der Holzschutzmittelprozeß in Frankfurt, der lt. BGH-Entscheidung wegen juristischer Formfehler neu aufgerollt werden muß, und die erstinstanzlichen Bewährungsstrafen für zwei Manager eines großen Holzschutzmittelherstellers zeigen die juristische Seite eines Holzschutzes mit chemischen Substanzen: fahrlässige Körperverletzung in Tateinheit mit fahrlässiger schwerer Gefährdung durch Freisetzung von Giften.[3]

chemische Holzschutzmittel als Problemstoffe

immense Probleme bei der Entsorgung imprägnierten Holzes

Als unlösbar werden zudem die immensen Probleme der Entsorgung imprägnierten Holzes gesehen. Die Verwertung als Sekundärrohstoff verlagert das Problem lediglich auf einen späteren Zeitpunkt, wenn nämlich die aus dem imprägnierten Rest- und Abfallholz erzeugten Holzwerkstoffe mit ihren eingeschleppten Holzschutzmittelresten ihre Funktion erfüllt haben. Holzschutzmittelbedingte Verunreinigungen machen Holz zu Sonderabfall und entziehen es den natürlichen ökologischen Kreisläufen. Es ist entsprechend den gesetzlichen Regeln als Sonderabfall zu entsorgen bzw. zu deponieren. Die notwendigen Anlagen hingegen stehen in nicht ausreichender Kapazität zur Verfügung; nur der Müllexport bzw. das unkontrollierte Verbrennen bzw. Deponieren wird die Abfallwirtschaft vor dem Infarkt bewahren. Selbst unter der – zunächst irrealen – Annahme, daß genügend thermische Verwertungskapazitäten vorhanden wären und das chemisch kontaminierte Altholz thermisch genutzt und verbrannt würde (wie im Kreislaufwirtschafts- und Abfallgesetz KrW-/AbfG vorgesehen), sind Asche, Schlacke, Filterstäube und Abluft mit Holzschutzwirkstoffen bzw. dessen thermischen Abbauprodukten angereichert. Das Endstadium schließlich ist, daß sich die Materie der nichtnatürlichen Verunreinigungen des Holzes (z.B. Wirkstoffe bzw. ihre Abbauprodukte oder fossile Ausgangsstoffe) aus der evolutionär bedingten Konzentration in den Lagerstätten in eine mehr oder weniger gleichmäßige Zerstreuung über die Welt verteilt hat.[4]

Rufschaden des Holzes durch Kontaminationen

Der Ruf des ›eigentlich‹ unerreicht ökologischen Baustoffs Holz ist durch die Sünden der Vergangenheit bereits angeknackst. Verheerende Auswirkungen für den Holzmarkt könnten folgen, falls eine sog. ›Öko-Steuer‹ auf behandeltes Holz erhoben wird – wie in Belgien diskutiert.[5] Der Rufschaden fördert Holzsubstitute und schädigt Holznutzung und Holzwirtschaft: So erlebt man Versuche, Holz z.B. als Rohstoff für Fenster zu diskriminieren: »Die Entsorgung der Fenster in der Zukunft ist bei chemisch behandelten (lasierten und lackierten) Holz-Fenstern ein Problem. Bei der Verbrennung können hochgiftige Gase entstehen und die Deponierung ist nur mit sehr hohen Kosten auf einer Sondermülldeponie möglich.«[6]

Abb. 1: Naturbelassenes Holz aus natürlichen Kreisläufen ist der ökologische Bau- und Werkstoff Nr. 1

Auch Holzbauexperten fürchten nun um den Ruf des Holzes und fordern – allerdings reichlich spät: »Der chemische Holzschutz hat im Holzbau keine Überlebenschance.«[7] Jahrelang haben offenbar Holzindustrie, Verbände und Marketingstrategen (sofern überhaupt vorhanden) geschlafen. Dem Kernproblem Rufschaden (vor allem durch Verunreinigungen infolge chemischen Holzschutzes bzw. synthetischer Oberflächenbehandlung) und Verlust der ökologischen Unschuld kann nun nur noch massiv und mit viel Geld begegnet werden. Die erste Imagekampagne der deutschen Forst- und Holzwirtschaft in den Gremien des Forstabsatzfonds, Bonn, sieht für den Zeitraum 1994/1995 beispielsweise ein Investitionsvolumen von gut 12 Mio. DM für Anzeigen in der meinungsbildenden Presse vor.[8] Mit Schlagzeilen wie »Hier sehen Sie einen der größten Kohlendioxidfresser der Welt«, »Zeigen Sie uns mal einen anderen Rohstoff, der von sich aus immer wieder nachwächst« oder »Ein konstruktiver Beitrag zum Umweltschutz: Brettschichtholz« muß Verbrauchern, Handwerkern, Planern, Architekten sowie privaten und öffentlichen Auftraggebern erst wieder beigebracht werden, was verantwortungsbewußte Holzbauer sowie Holz- und Forstfachleute seit Jahrzehnten und Jahrhunderten wissen: Holz ist ein Musterbeispiel dafür, wie die Natur das Problem gelöst hat, bei einem Material Stabilität und Dauerhaftigkeit mit müheloser Entsorgung zu vereinen.

Holz als Kohlenstoffspeicher

Die großen Umweltthemen Treibhauseffekt, Ozonloch, Müllvermeidung, Recycling, Ökobilanzen etc. bestimmen zunehmend die politische und wirtschaftliche Diskussion. Sie verändern ganze Wirtschaftszweige und Märkte. Davon werden Holz und andere nachwachsenden Rohstoffe wegen ihrer herausragenden ökologischen Vorteile langfristig profitieren.[9] Holz und Wald sind Kohlenstoffspeicher. Durch die Nutzung langlebiger oder immer neu wiederverwertbarer Holzprodukte, z.B. beim Bauen, bleibt der im Holz gespeicherte Kohlenstoff für viele Jahrzehnte gebunden. In einer Tonne trockenen Bauholzes sind rund 510 kg Kohlenstoff enthalten. Dies entspricht 1,87 Tonnen gebundenem CO_2, welches durch die Photosynthese aus der Atmosphäre entfernt worden ist.[10] Jeder hölzerne Dachstuhl, jedes Holzhaus, jedes Holzmöbel, jeder Holzfußboden und jede Halle in Holzkonstruktion stellt eine Kohlenstoffsenke dar. Außerdem entsteht Holz durch Wachstum ohne separaten Energieaufwand und erfordert bei Gewinnung und Verarbeitung einen erheblich geringeren Energieeinsatz als andere Baustoffe.[11]

große Leistungsfähigkeit moderner Holzverarbeitung…

Holz ist ein mit Zellulosefasern bewehrter Verbundbaustoff mit hohem Hohlraumanteil. Astfreies Holz ist bei gleicher Tragkraft leichter als Stahl, es kann Zug- und Druckkräfte übernehmen und hat annähernd die gleiche Druckfestigkeit wie Beton (der allerdings keine Zugfestigkeit aufweist). Holz verbindet gewachsene Baukultur mit High-Tech-Entwicklung. Gerade der vor allem in ›grünen‹ Zirkeln oftmals geschmähte mikroelektronische Fortschritt führte in der Holzindustrie zu einem erheblichen Automatisierungssprung. Dieser rasante Durchbruch erschloß auch die Klein- und Mittelbetriebe und beförderte sogar die bislang schwierige und problematische Holzsortierung nach Wuchsunregelmäßigkeiten und nach den in weiten Grenzen streuenden technologischen Eigenschaften, die bislang oftmals von Hand und nur mit großer Materialerfahrung erfolgen konnte. Industrialisierte Holzsortierung und -auslese von vergleichsweise kleinen Standardquerschnitten bildet nun die Voraussetzung für enorm gesteigerte Tragfähigkeiten und Materialleistungen.

Holz als Roh-, Bau- und Werkstoff – der lange etwas Unberechenbares behielt – kann sich also auf eine enorm gesteigerte Leistungsfähigkeit dank fortschrittlicher Sortierungs-, Verleimungs- und Verbindungstechniken berufen. Frei gespannte, große und zugleich leichte und phantasievolle Holzkonstruktionen für Hallen, Brücken und Türme sind ebenso möglich wie der Einbruch des Holzes in die Domäne des Betons, in den Massivbau und das mehrgeschossige Bauen. Der gegenwärtige Stand der technischen Möglichkeiten bietet neue Chancen einer Kombination der Holzindustrie mit einer artenreichen

… und des Holzes als Baustoff

und ökologisch stabilen Forstwirtschaft.[12] Aus dem Streben nach vermehrter Nutzung einheimischer Hölzer gehen neue schöpferische Impulse für die Holzwirtschaft hervor. Dabei ist es für die Zukunft höchst fruchtbar, darüber zu reden, wie in den einheimischen Wäldern eine solche Vielfalt der Holzarten wiederhergestellt werden kann, daß Tropenhölzer, zumal die aus den gefährdeten Regionen, nicht erforderlich sind.[13]

Holz steht für eine neue Architektur, für innovative Ingenieurbauwerke und für den Hausbau der Zukunft. Geht man davon aus, daß Holzkonstruktionen gegenwärtig deutlich unter 10 % des deutschen Baumarktes ausmachen[14], so wird das Ausmaß der Steigerungsmöglichkeiten klar. Kein Zweifel: Holz ist der Werkstoff des 21. Jahrhunderts.[15]

ökologisch behandeltes Holz - Baustoff der Zukunft

Viele Handwerker, Planer und Holzfachleute haben bereits erkannt, daß eine gesicherte Zukunft nur mit, nicht gegen konsequente Ökologie möglich ist. Das künftige Wirtschaften erfolgt nur in geschlossenen Stoffkreisläufen. Richtige Ökonomie, das ist eine gar nicht so neue, weil bereits den ›alten‹ Griechen bekannte Tatsache[16], muß im Kern ökologisch sein. Es gilt, vom Ertrag (also vom Nachwachsenden) zu leben und nicht von der Substanz (vom nicht Regenerierbaren, Fossilen). Nicht nachwachsende Rohstoffe und damit meist Erdölderivate haben zudem, schon mangels Masse, keine Zukunft. Die globale petrochemische Speisekammer, aus der wir heute schlemmen, ist in Kürze leer – und niemand ist da, der sie wieder auffüllen könnte.[17]

Holz ist, sofern überhaupt gefährdet, ausschließlich mit natürlichen Methoden und – möglichst nachwachsenden – Rohstoffen vor Befall und Abbau durch Organismen zu schützen. Der bisherige relativ hohe Verbrauch von chemischen Holzschutzmitteln ist nicht notwendig und oft durch die übertriebene Darstellung der Gefahren durch Holzschädlinge provoziert worden. Nicht die tatsächliche Anfälligkeit des Holzes hat dazu geführt, sondern die von der konkurrierenden Baustoffindustrie oder der nutznießenden chemischen Industrie genährte Behauptung dessen. Naturbelassenes und natürlich geschütztes Holz ist langlebig, wirklich umwelt- und menschenfreundlich, entstammt geschlossenen ökologischen Kreisläufen und läßt sich – in Zukunft selbst vom strengen deutschen Abfallrecht toleriert – problemlos dort wieder eingliedern.

2. Gefährdung von verbautem Holz durch Schädlinge

Holzbesiedelnde Organismen, die, falls die Folgen ihrer Besiedlung das Holz in seiner Substanz abbauen, auch holzzerstörende Organismen genannt werden, können nicht immer und überall gedeihen. Ebenso, wie auch andere Lebewesen aus Flora und Fauna spezielle Umgebungsbedingungen benötigen, brauchen auch die holzbesiedelnden Organismen ein ganz bestimmtes Milieu, um überhaupt überleben zu können.

Es ist ein vor allem in Kreisen von Laien bzw. unzureichend ausgebildeten Fachleuten ein weitverbreiteter Irrtum, daß der Bau- und Werkstoff Holz grundsätzlich gefährdet ist, daß er als organisch gewachsenes Material früher oder später von Schädlingen in seine Ausgangssubstanzen zerlegt und abgebaut wird. Die Holzzerstörung durch Organismen sei ein unvermeidbarer Fakt, mithin also eine Alterserscheinung. Damit wären die betreffenden Personen in ihrer holztechnologischen Erkenntnis übrigens noch keinen Schritt weiter gekommen als die – oftmals vom Aberglauben verwirrten – Naturforscher vergangener Jahrhunderte.

Gefahr durch Holzschädlinge - maßlos überdramatisiert

Diese irrige Meinung wird auch durch das werbliche Verhalten zahlreicher Holzschutzmittelhersteller bewußt gefördert. Verbraucher, Heimwerker, erschreckend viele Planer, Handwerker und Entscheidungsträger in Behörden und Ämtern kennen holzbesiedelnde, bisweilen sogar noch nicht einmal holzzerstörende Organismen nur aus Broschüren von Holzschutzmittelherstellern und deren Webeanzeigen und PR-Artikeln, die unter dem Deckmantel der sachlichen Information immer verkaufsfördernde Ziele besitzen.[1] Die Gefahr von (Holz-)Bauschäden durch Organismen ist auf diese Weise maßlos überdramatisiert worden.[2]

Holz ist einer der dauerhaftesten Baustoffe

Wenn Holz tatsächlich nach wenigen Jahrzehnten unweigerlich dem Verfall preisgegeben wäre, bestünde kein einziges Holzbauteil oder keine Möbelantiquität aus dem vergangenen Jahrhundert mehr. Um wieviel weniger dürfte es dann noch original erhaltene Fachwerkbauten aus dem Mittelalter geben (wie das Rathaus in Wernigerode/Harz von 1427 oder der sog. ›Weinstadel‹ in Nürnberg von 1446–48). Die unbestreitbare Dezimierung und der Verlust alter (Holz-)Bausubstanz ist viel eher dem menschlichen Bestreben nach Abriß des ›Alten‹ und Neuaufbau, den zahlreichen, oftmals nutzungsbedingten Umbaumaßnahmen, der mangelnden Bauwerksunterhaltung und Instandsetzung (oftmals zur völligen Verwahrlosung von Bausubstanz führend), dem Vandalismus der jeweilig herrschenden Machthaber oder dem (volks-)wirtschaftlich begründeten Abriß gewachsener Bausubstanz zuzuschreiben[3] als dem Angriffsvermögen der holzzerstörenden Organismen .

Abb. 2:
Das Rathaus von Markgröningen aus dem Jahr 1440 ist einer der eindrucksvollsten Bauten der alemannischen Fachwerkkunst.
(Quelle: Rohrberg 1981, S. 82 f.)

Erst die sachliche Betrachtung der holzbesiedelnden und holzzerstörenden Organismen lehrt, daß Holz einer der dauerhaftesten Baustoffe ist und nur unter ganz speziellen Umgebungsbedingungen von diesen Organismen besiedelt werden kann.[4]

2.1 Lebensbedingungen und Angriffsvermögen pflanzlicher Schädlinge

Holzzerstörende Pilze

Bei den pflanzlichen Schädlingen handelt es sich fast nur um Pilze. Die Übersicht über die bevorzugten Entwicklungsbedingungen einiger holzzerstörender Pilze (vgl. Tab. 1) offenbart bereits das wichtigste Kriterium für deren Wachstum und die wichtigste Schadensvoraussetzung für das ›Verfaulen‹ von Holz. Eine Befallsgefahr ist immer dann gegeben, wenn die Holzfeuchte langfristig bzw. über einen längeren Zeitraum 20 % übersteigt. So sind Pilzsporen (vergleichbar mit dem Samen bei höheren Pflanzen) allgegenwärtig, um bei diesen geeigneten Milieubedingungen auszukeimen. Kann Holz immer wieder abtrocknen besteht keine Gefahr durch holzbesiedelnde Pilze.

Entwicklungszyklus

Der Vegetationskörper des Pilzes, ›das was lebt‹, besteht aus einem Geflecht fadenförmiger bzw. röhrenartiger Zellfäden, den sog. Hyphen. Sie sind sehr fein mit Durchmessern von rund 2 µm, und reich verzweigt. Das gesamte Geflecht aller Hyphen wird Myzel genannt. Die Hyphen sorgen dafür, daß der Pilz mit Nährstoffen versorgt wird. Sie scheiden Enzyme aus, die je nach Pilzart verschiedene Zellinhaltsstoffe bzw. Zellwandsubstanzen auflösen und zur Ernährung verwenden. Folglich durchziehen die Hyphen als feines, dichtes

Tab. 1: Entwicklungsbedingungen der wichtigsten holzzerstörenden Pilze. (Nach Grosser 1985)

Pilz	Holzfeuchte [1]	Temperaturbereich [1]
Serpula lacrimans (echter Hausschwamm)	mind. ca. 20 % opt. ca. 30 %	3-26 °C
Coniophora puteana (brauner Keller- oder Warzenschwamm)	mind. ca. 20 % opt. ca. 50-60 %	3-35 °C
Lentinus lepideus (schuppiger Sägeblättling)	mind. 30-40 %	8-38 °C
Gloeophyllum-Arten (Blättlinge)	mind. ca. 20 % opt. ca. 40-60 %	5-44 °C
Poria-Arten (Porenschwämme)	mind. ca. 20 % opt. 40 %	3-36 °C
Bläuepilze [2]	30- ca. 120 % opt. ca. 30-40 %	ca. 5-35 °C

[1] Die für die Entwicklung günstige Feuchtigkeit läßt sich im allgemeinen nicht auf einen genauen Holzfeuchtigkeitswert oder -bereich begrenzen, sondern sie weist einen gewissen Spielraum auf; dabei werden grundsätzlich warme Temperaturen über 20 °C bevorzugt.
[2] Diese Pilze führen **nicht** zu einer Zerstörung, sie können Holz lediglich verfärben.

Geflecht den Holzkörper (diese Hyphen nennt man Substratmycel). Einige Pilzarten bilden auch an der Holzoberfläche dieses Geflecht aus; man spricht dann vom Oberflächenmycel. Bei manchen dieser Pilze bildet sich altes Oberflächenmycel zu Strängen um, die ihrerseits aus verschiedenartig gestalteten Hyphenarten bestehen. Dieses sog. Strangmycel kann relativ dick (etwa wie ein Bleistift) und fest werden. Oberflächen- und vor allem Strangmycel erlauben eine relativ rasche Verbreitung des Pilzes auch über Mauerwerk auf entfernter liegende Holzteile hinweg.

Was der Laie oftmals als eigentlichen ›Pilz‹ bezeichnet, also das, was als Körper auf der Oberfläche zu sehen ist (beispielsweise beim Sammeln von Champignons), ist der sog. Fruchtkörper. Er ist der lediglich der Fortpflanzung dienende Teil des Pilzes und stellt sich als stark verdichtetes und umgestaltetes Hyphengeflecht dar; er ist zudem ein Zeichen für bereits fortgeschrittenen Pilzbefall. Mit der Entfernung dieses vermeintlichen ›Pilzes‹ von der Holzoberfläche ist also keineswegs der Pilz beseitigt. Jeder Pilz hat charakteristische Fruchtkörper, die erst nach der Fruchtreife entstehen und an denen sie identifiziert werden können (wer kennt nicht den wunderbaren Fruchtkörper des Fliegenpilzes?). Der Fruchtkörper bildet die Sporen, über die sich die Pilze fortpflanzen. Es bildet sich oft eine außerordentlich große Zahl von Sporen; ein 1 m^2 großer Hausschwammfruchtkörper kann in 24 Stunden 86,4 Milliarden (!) Sporen abgeben.

Die Sporen sind wie feiner, farbiger Staub. Sie sind je nach Aussehen und

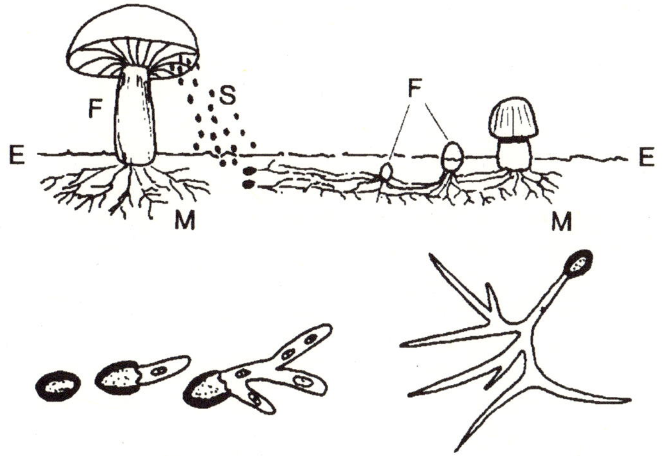

Abb. 3: Schematische Darstellung der Entwicklung eines Waldpilzes (oben) mit Sporenkeimung und Mycelentwicklung (unten); F... Fruchtkörper, S... Sporen, M... Mycel, E... Erdboden. (Quelle: Grosser 1985, S. 30)

Farbton ebenfalls für bestimmte Pilztypen charakteristisch. Aus den Sporen kann sich der (neue) Pilz entwickeln. Die Spore keimt zu hauchfeinen jungen Hyphen aus, sofern sie auf einen geeigneten Nährboden – in unserem Fall also auf eine geeignete Holzart – und gleichzeitig günstige Umgebungsbedingungen trifft. Damit ist der Entwicklungszyklus des Pilzes geschlossen (vergleiche Abb. 3). Pilzbefall kann sich jedoch auch durch Verschleppung von lebenden Mycelteilchen auf geeigneten Nährboden verbreiten.

Lebensbedingungen

Die Entwicklung der holzzerstörenden Pilze ist, wie eingangs erwähnt, an verschiedene Umgebungsbedingungen gebunden. Zunächst ist hier die Holzart zu nennen. Zum Pilzwachstum muß die geeignete Holzart vorliegen; zahlreiche Holzarten sind im Kern immun gegen Pilzbefall (s.S. 78-79). Die Mehrzahl der Pilze zerstört ausschließlich das außen am Stamm liegende Splintholz; nur die seltenen sog. Kernholzspezialisten können auch Kernholz abbauen.

Wachstum nur über 20 % Holzfeuchte

Das wichtigste Kriterium für den Beginn eines Pilzwachstums im Holz ist die Holzfeuchte. Erst ab einem Feuchtegehalt von über 20 % bezogen auf das Trockengewicht des Holzes ist das Wachstum der Pilze möglich (vgl. Tab. 1). Doch zu hohe Holzfeuchte behagt den Pilzen auch nicht. Sowohl bei vollständiger Durchfeuchtung (= Verwendung unter Wasser oder bei Pfahlgründungen unterhalb des Grundwasserspiegels) als auch bei konstanter oder häufiger Trockenheit (z.B. witterungsgeschützte Verwendung, Innenbau) kann Holz von Pilzen nicht befallen werden und Jahrhunderte überdauern. Ganz allgemein finden die meisten Bauholzpilze zwischen 35 % und 60 % Holzfeuchte die besten Feuchtigkeitsbedingungen vor. Bei Unterschreiten des Feuchtigkeitsminimums (vgl. Tab. 1) fallen zahlreiche Pilze in eine Trockenstarre ohne abzusterben; dies kann bei sehr widerstandsfähigen Pilzen (z.B. den Blättlingen) über Jahre dauern. Bei erneutem Feuchtigkeitszutritt nehmen sie ihre normale Lebenstätigkeit wieder auf. Das heißt, daß durch bloßes Trockenlegen befallenen Holzes das Problem nicht beseitigt ist.

Zudem besitzt jeder Pilz ein für ihn charakteristisches Temperaturoptimum, bei dem sein Wachstum am größten ist, und einen für das Wachstum unbedingt erforderlichen Temperaturbereich (vgl. Tab. 1). Nur innerhalb eines Bereiches zwischen + 3 °C (Minimum) und + 38 °C (Maximum) ist ein Pilzwachstum möglich; dabei betragen je nach Pilzart die Optimalwerte + 20 bis + 35 °C. Darüberhinaus verfallen die Pilze in eine Kälte- bzw. Hitzestarre, aus der sie, sofern sie nicht zu lange dauert, bei Eintreten der normalen Lebensbedingungen wieder erwachen und weiterwachsen können. Insgesamt wird Kälte besser als Hitze vertragen. Insbesondere gegen feuchte Hitze sind Pilze empfindlich. Bei Temperaturen von 50 bis 75 °C tritt der Hitzetod ein.

bevorzugter Temperaturbereich

Licht ist für das Pilzwachstum nur von untergeordneter Bedeutung. Die meisten Arten können im Dunkeln wachsen, wenn sie auch Helligkeit bevorzugen. Direkte Sonnenbestrahlung wird von zahlreichen holzzerstörenden Pilzen gemieden, da mit ihr die Gefahr der Austrocknung verbunden ist. Auch der pH-Wert des Untergrundes spielt eine gewisse Rolle. Alle Pilze bevorzugen saure Verhältnisse, wobei der optimale pH-Wert etwa 5 – 6 beträgt. Holz ist mit einem pH-Wert von rund 5 schwach sauer. Alkalische Medien wie z.B. Kalkputze werden von Pilzen hingegen gemieden.

Echter Hausschwamm (Serpula lacrimans)

Der Hausschwamm ist, sofern er einmal günstige Lebensbedingungen gefunden hat, der gefährlichste holzzerstörende Pilz an verbauten Hölzern. Sanierungen an tragenden Holzbauteilen erfordern oftmals hohen Aufwand und Folgekosten, daher ist sein Auftreten behördlich meldepflichtig. Sein Name deutet an, daß er überwiegend in Gebäuden vorkommt. Dabei bevorzugt er Altbauten vor allem mit unbewohnten oder längere Zeit unbeaufsichtigten, nicht gelüfteten Gebäudeteilen mit hoher Luftfeuchtigkeit. An Schwammschäden in Neubauten ist er äußerst selten beteiligt. Er ist sehr empfindlich gegen Luftzug und Klimaschwankungen.

Der Hausschwamm greift überwiegend Nadelholz an, ohne jedoch auf Laubholz ganz zu verzichten. Er zerstört die helle, weißliche Zellulose der Holzzellwände; rotbräunliches Lignin bleibt übrig, so daß das befallene Holz eine entsprechend braune Färbung annimmt (= ›Braunfäule‹). Er wächst sehr rasch, kann sich aufgrund des besonders ausgeprägten Oberflächenmycels mit ausgeprägtem, oft bleistiftdicken Strangmycel weit verbreiten – wobei er sogar in der Lage ist, Mauerwerk zu durchwachsen[5] und meterweit entfernte Holzteile zu besiedeln – und besitzt daher eine besonders ausgeprägte Zerstörungskraft.

Er entsteht oberhalb längerdauernder Holzfeuchten von 20 % mit einem Optimum bei 30 bis 40 %; hoher Wassergehalt ist dem Pilz abträglich. Die günstigsten Temperaturbedingungen liegen bei 18 bis 22 °C. Die gesamte Temperaturspanne umfaßt lediglich 3 bis 26 °C. Oberhalb von 26 °C stellt der

Pilz seine Entwicklung ein (Hitzestarre). Seine Vitalität wird dadurch unterstrichen, daß er, sofern infolge erhöhter Holzfeuchte einmal zur Entwicklung gelangt, als einziger Bauholzpilz auch zunächst noch trockenes Holz überwachsen kann, das er selbst mit Hilfe des über die Mycelstränge herangeschafften Wassers befeuchtet. Voraussetzung dafür ist aber ein äußerer Feuchtigkeitszutritt mit reichlich vorhandenem Nachschub. Ist das nicht der Fall, kann sogar ein Hausschwammbefall allmählich austrocknen und erlöschen, zumal er nicht in besonderem Maße zur Trockenstarre befähigt ist.

Brauner Kellerschwamm oder Warzenschwamm (Coniophora puteana)

Dieser Pilz ist der am schnellsten wachsende unter den Bauholzpilzen und erreicht wie der Hausschwamm ebenfalls eine große Zerstörungskraft. Er tritt in Alt- wie in Neubauten auf; bei Neubauten ist er sogar der am häufigsten auftretende Holzzerstörer. Der Pilz kann natürlich nicht nur im Keller, wie der Name fälschlicherweise vermuten läßt, sondern grundsätzlich überall an Stellen auftreten, wo Holz und ein längerdauerndes großes Feuchteangebot vorhanden sind. Dabei befällt der Braune Keller- oder Warzenschwamm vornehmlich Holz im Kontakt mit feuchtem Mauerwerk oder feuchten Böden und Holz in Räumen mit starker Wasserdampfentwicklung. Auch im Freien kann er auftreten; er ist also nicht so empfindlich gegen Luftzug wie der Hausschwamm.

Befallen werden hauptsächlich Nadelhölzer, aber auch Laubholz kann abgebaut werden. Auch bei intensivem Wachstum werden Fruchtkörper eher selten ausgebildet; das Holz weist oftmals kein oder nur sehr spärliches Oberflächenmycel aus. Der Kellerschwamm gehört zu der Gruppe der Pilze, der die helle, weißliche Zellulose der Holzzellwände zerstört. Das übrigbleibenden rotbräunliche Lignin gibt dem befallenen Holz die für einen ›Braunfäule‹-Pilz typische braune Färbung.

Der Braune Keller- oder Warzenschwamm benötigt im Gegensatz zum Hausschwamm eine ausgesprochen hohe Holzfeuchte von etwa 50 – 60 %. Bei Feuchtigkeitsentzug und unter 50 % sinkenden Holzfeuchten stellt er seine Wachstumstätigkeit ein und stirbt ab; der Pilz kann also nicht wie der Hausschwamm sein benötigtes Wasser selbst heranschaffen. Die günstigsten Wachstumstemperaturen liegen bei 22 – 24 °C; der gesamte Temperaturbereich, in dem der Pilz leben kann, beträgt 3 – 35 °C.

Weißer Porenschwamm (Poria vaillantii) / Porenschwämme allgemein

Die Familie der Porenschwämme ist weit verzweigt mit zahlreichen, einander ähnlichen Arten. Deren Unterscheidung ist noch nicht geklärt. In der Praxis werden diese Porenschwämme, wenn sie sich, botanisch streng genommen, auch voneinander unterscheiden, zusammengefaßt und es wird der Einfachheit halber nur vom Weißen Porenschwamm gesprochen.

Der Weiße Porenschwamm, der dritthäufigste Bauholzpilz, kann sowohl in Alt- und Neubauten als auch im Freien leben; zudem tritt er in Bergwerken auf. Befallen wird vorwiegend Nadelholz; an Laubholz kommt er jedoch äußerst selten vor. Das rein weiße Oberflächenmycel und das Strangsystem breiten sich charakteristisch eisblumenartig aus, oft konzentrisch von einem Mittelpunkt, aus; dabei können die meist bindfadendünnen Stränge des Porenschwammes auch poröses Mauerwerk durchwachsen. Als ausgesprochener Zellulosezerstörer (d.h. das bräunliche Lignin bleibt übrig) erzeugt der Pilz eine ausgeprägte sog. ›Braunfäule‹.

Dieser Pilz benötigt wie der Kellerschwamm nachhaltig eine höhere Holzfeuchte zwischen 30 und 50 %; das optimale Wachstum liegt bei etwa 40 % Holzfeuchte. Er kann auf trockeneres Holz nicht übergreifen. Mit der Austrocknung des Holzes stellt der Porenschwamm sein Wachstum ein. Bevor er jedoch abstirbt, kann er in eine längere, z.T. über Jahre dauernde Trockenstarre verfallen, während der bei Feuchtezufuhr jederzeit die Gefahr des Wiederauflebens besteht. Das Temperaturoptimum liegt bei 26 – 28 °C, während der gesamte Temperaturbereich von 3 – 36 °C grundsätzlich zum Leben des Weißen Porenschwammes geeignet ist.

Tannen-Blättling (Gloeophyllum abietinum) und Zaun-Blättling (Gloeophyllum sepiarium) / Blättlinge allgemein

Blättlinge (früher auch Lenzites-Fäule genannt) sind Pilze, die bevorzugt im Freien leben. Bisweilen werden sie jedoch auch in feuchten Gebäuden angetroffen, an lagerndem, trocknendem Holz jedoch fast nie. Sie gehören zweifellos zu den gefährlichsten Zerstörern des im Freien verbauten nassen Holzes, da sie es sehr energisch zersetzen. Rund 90 % der Pilzschäden an Fenstern sind auf Blättlinge zurückzuführen; ebenso ist das von innen heraus faulende Holz von außen verbauten Gegenständen größeren Querschnitts[6] (Gartenmöbel, Masten, Spielgeräte, Brücken, Schwellen, Brettschichtholz etc.) i.d.R. von Blättlingen befallen.

Während der Tannenblättling bevorzugt Tanne und Fichte befällt, kommt der Zaunblättling zudem auch an Kiefer vor; beide können auch gleichzeitig an einer Nadelholzart leben. Laubholz wird von Blättlingen i.d.R. nicht befallen; nur der Balkenblättling (Gloeophyllum trabeum) kann zuweilen an Bauholz aus Laubholzarten vorkommen. Das Mycel der Blättlinge wächst im Inneren des Holzes (= Substratmycel), so daß dessen Zerstörung selbst im fortgeschrittenen Stadium oftmals unbemerkt bleibt. Häufig ist der Befall erst nach Ausbildung der Fruchtkörper und würfelbruchartiger ›Vermorschung‹ an der Oberfläche erkennbar. Blättlinge zerstören im Gegensatz zu den drei vorher beschriebenen Pilzen das Holz also von innen heraus. Das heißt aber auch, daß ein Übergreifen des Pilzes aus befallenem Holz durch Mycelwachstum auf entfernter liegendes, gesundes Holz ausgeschlossen ist. Auch Blättlinge sind Zellulosezerstörer (das bräunliche Lignin bleibt übrig) und erzeugen daher eine ausgeprägte sog. ›Braunfäule‹.

Blättlinge benötigen ausgeprägt hohe Holzfeuchten für ihr Gedeihen. Das erforderliche Holzfeuchteniveau liegt bei rund 40 %; optimal entwickeln sich diese Pilze bei Holzfeuchten von 50 – 60 %. Trockenes oder trocknendes Holz wird nicht befallen. Blättlinge bevorzugen relativ hohe Temperaturen von

Abb. 4: Starker Befall von in die Erde eingelassenen Palisaden mit Schuppigem Sägeblättling (Lentinus lepideus)

rund 28 °C (Tannenblättling) und 33 °C (Zaunblättling); das insgesamt tolerierte Temperaturspektrum beträgt 5 – 36 °C (Tannenblättling) bzw. 5 – 44 °C (Zaunblättling). Blättlinge sind in der Lage, bei höheren Temperaturen *und* Trockenheit in eine u.U. langjährige Trockenstarre zu fallen[7]; daher können sie gelegentliche Austrocknung des Holzes bei höheren Temperaturen überleben. Beim Auftauchen günstiger Milieubedingungen setzen sie ihre Wachstums- und Zerstörungstätigkeit fort.

Moderfäule (Ascomyceten und Fungi imperfecti)

Die Moderfäule wird durch eine Gruppe verschiedener Pilzarten hervorgerufen, die sich nicht durch Mycel, Fruchtkörper etc. zu erkennen gibt, sondern die im Verborgenen lebt. Es sind unscheinbare Pilze, deren mikrofeine Hyphen im Inneren einer Zellwand wachsen und Teile der Zellwand – vorwiegend die Zellulose – enzymatisch zerstören. Sie bauen meist die äußeren Teilbereiche des Holzgegenstandes zu einer im feuchten Zustand letztlich schmierigen, modrig-weichen und im trockenen Zustand pulverigen bräunlichen Masse ab. Die Zerstörung geht sehr langsam vor sich; in den meisten Fällen ist unter der vermorschten Oberfläche völlig gesundes Holz anzutreffen. Im Extremfall kann es aber auch zu tiefgreifenden, bis in den Kern hineinreichenden Moderfäuleschädigungen kommen. Zunächst aber erscheint selbst der bereits befallene Bereich des Holzes noch äußerlich als gesund. Moderfaules Holz erkennt man zunächst nur an seiner Weichheit; es gibt dem Daumendruck nach. Nadelhölzer sind gegenüber der Moderfäule erheblich resistenter als Laubhölzer.[8]

Diese Pilze bevorzugen sehr hohe Holzfeuchten, so daß sie hauptsächlich in Kühlturmhölzern, Wasserbauten, Hafendalden etc., vor allem aber auch in der wenige Zentimeter umfassenden Erde-Luft-Zone von in die Erde eingelassenen Hölzern leben können. Das Holzfeuchteminimum liegt bei 30– 35 %; das Optimum für Kiefer liegt im Bereich von 60 – 80 % und für Buche im Bereich von 80 – 120 %.[9] In der Praxis schreitet diese Art von Fäulnis sehr viel langsamer fort als bei den üblichen, bisher beschriebenen pflanzlichen Holzzerstörern[10]; sie kommt i.d.R. nur unter extremen Feuchtebelastungen des Holzes vor.

Braunfäulen und Weißfäulen

Die holzzerstörenden Pilze, die wie oben nach ihrer Gattung unterschieden und beschrieben sind, werden bisweilen auch nach eher phänomenologischen Gesichtspunkten je nach Art ihres äußerlich erkennbaren Schadbildes benannt. Daß dabei keine differenzierte Unterteilung nach botanischer Art erfolgen kann, leuchtet spätestens dann ein, wenn man weiß, daß zahlreiche verschiedene Pilze Holz zu einer makroskopisch gleich aussehenden ›Holzfäule‹ abbauen. Nach der Farbe dieser Holzfäule bezeichnet man einige Pilze als sog. Braunfäulen und andere Pilze als sog. Weißfäulen.

Die Bezeichnung ›Braunfäulepilze‹ bezieht sich also auf die braune Verfärbung des faulenden Holzes. Dieser Fäuletyp wird durch Pilze hervorgerufen, die vorwiegend die (weißliche) Zellulose abbauen; es bleibt das bräunliche Lignin übrig. Neben dieser Verfärbung weist das Holz tiefgehende Längs- und Querrisse und demzufolge einen charakteristischen würfelbruchartigen Zerfall auf. Im Endstadium der Zerstörung läßt sich das Holz schließlich zwischen den Fingern zerreiben. Die Braunfäule wird bisweilen auch Destruktionsfäule genannt; sie kommt vornehmlich an Nadelhölzern vor. Zu den Braunfäulepilzen gehören die vitalsten und damit gefährlichsten holzzerstörenden Pilze: u.a. der echte Hausschwamm, der braune Keller- oder Warzenschwamm, der weiße Porenschwamm und die Blättlinge.

Die Weißfäule, bisweilen auch Korrosionsfäule genannt, baut hauptsächlich den Ligninanteil des Holzes ab. Dabei bleibt die grau-weiße, faserige Zellulose weitgehend erhalten. Zunächst können vorübergehend auch dunkle Töne oder streifige bis marmorne Verfärbungen auftreten. Im fortgeschrittenen Befallsstadium wird das Holz leicht und fasrig-schwammig. Als Schadorganismen sind die Weißfäulepilze von untergeordneter Bedeutung, da sie eher am stehenden Baum und lagerndem Schnittholz denn an Bauholz vorkommen. Die wichtigsten Weißfäulepilze sind die – hier nicht näher besprochenen – Trametes-Arten (wie Schmetterlingsporling und Kiefernbaumschwamm) sowie der Zunderschwamm (Fomes fomentarius), der Wurzelschwamm (Heterobasidion annosum) und die sog. Schichtpilze (Stereum-Arten).

Holzverfärbende Pilze

Die holzverfärbenden Pilze sind nicht in der Lage, Holz zu zerstören. Sie bauen nicht die Zellwände und damit den Zusammenhalt der Holzsubstanz ab, sondern ernähren sich von den Inhaltsstoffen der Holzzellen. Zu diesen Pilzen gehören vor allem die Bläuepilze. Da sie keine Fäule bewirken, ist der oftmals gebrauchte Begriff ›Blaufäule‹ irreführend. Sie sorgen lediglich für eine Verfärbung des Holzes, was jedoch unter ästhetischen Aspekten das Aussehen des Holzes nachteilig verändern kann. Zudem können sie Anstriche zerstören, so daß sie unter Umständen über einen Schönheitsfehler hinaus beachtliche Wertminderungen zur Folge haben können.

Bläue

Von den Bläuepilzen gibt es etwa 100 verschiedene Arten. Sie bewirken allgemein eine blaue bis grauschwarze Verfärbung der befallenen Stellen und kommen insbesondere auf Nadelholz vor (z.B. Kiefer-Splint, Red Pine, Parana Pine bzw. Araucarie, Hemlock), doch auch bei einigen Laubbäumen (Buche, Ahorn, Linde, Ramin) wurde Bläue beobachtet. Befallen wird nur das Splintholz; vor allem das Splintholz der Kiefer ist stark bläueanfällig. Kiefer-Kern, Fichte, Tanne, Lärche, Meranti, Red Cedar etc. sind dagegen weitgehend bläueresistent.

Hinreichende Entwicklungsmöglichkeiten finden Bläuepilze bei einer Holzfeuchte zwischen 30 und 130 %; das Optimum liegt in Abhängigkeit von der Bläuepilzart zwischen 30 und 50 %. Ein Wachstum erfolgt ferner zwischen etwa 0 und 40 °C; die günstigsten Wachstumstemperaturen liegen zwischen + 18 und + 28 °C. Frost kann unbeschadet überstanden werden. Lufttrockenes oder saftfrisches Holz kann nicht besiedelt werden.

Je nach dem Auftreten werden Stammholzbläue, Schnittholzbläue und Anstrichbläue unterschieden. Stammholzbläue kann an frisch geschlagenem Rundholz auftreten. Die Pilze der Schnittholzbläue leben auf Holzlagerplätzen nach dem Aufschneiden des Rundholzes an nicht ausreichend getrockneten oder schlecht gestapeltem Schnittholz; sie sterben nach Verarbeitung und Anstrich des Holzes ab. Die Pilzarten der Anstrichbläue hingegen treten immer erst nach der Verarbeitung und nach der Oberflächenbehandlung des Holzes auf, wenn es erneut Feuchtigkeit aufnehmen und halten kann. Dabei kann es zu erheblichen Anstrichschäden kommen, da Mycel und Fruchtkörper den Anstrichfilm durchwachsen oder abheben (vgl. Abb. 5).

Bakterien und Schimmelpilze

Bakterien können extrem feuchtes Holz befallen. Sie leben meist oberhalb der Holzfeuchtebedingungen, die für das Gedeihen holzzerstörender Pilze förderlich ist. Dies trifft auf geflößtes bzw. in Teichen oder Seen naßgelagertes Holz zu; auch in sog. Poltern z.B. im Wald gelagertes und mit Wasser berieseltes Rundholz oder im Wasser verbautes Holz ist gefährdet. Die hervorgerufenen Schäden sind jedoch gering, zumal kein Abbau der Zellwand und damit der Holzsubstanz erfolgt. Holz wird also nicht zerstört. Es werden lediglich einige Membranen und Schließvorrichtungen der Hoftüpfel (das sind die Durchlaßstellen in der Zellwand von Zelle zu Zelle) zerstört. Das führt zu einer besseren Aufnahmefähigkeit von Flüssigkeiten jeder Art und damit bei Holzschutzmittelbehandlung zu Überaufnahmen mit Verfärbungen der zu stark durchtränkten Holzbereiche.

Schimmelpilze wachsen auf der Oberfläche feuchten bzw. nassen Holzes (wie grundsätzlich auf allen feuchten Oberflächen) und ernähren sich von Verunreinigungen, Staub, den Inhaltsstoffen angeschnittener Holzzellen o.ä. Es wird eine Holzfeuchte oberhalb des Fasersättigungsbereiches (ca. 28 – 32 %

Abb. 5: Anstrichbläue. Links: Anfangszustand. Rechts: fortgeschrittener Befall mit deutlich den Anstrichfilm durchwachsenden Fruchkörper.

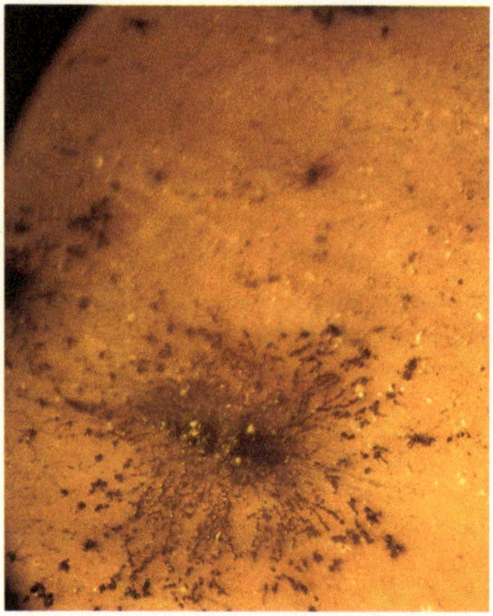

Holzfeuchte) benötigt; zudem begünstigt sehr feuchte, unbewegte Luft das Wachstum. Für die Festigkeit des Holzes besteht keine Gefahr. Allerdings können sie durch Sporen und Mycelien oder ausgeschiedene Farbstoffe die Oberfläche verfärben (meist durch Anschleifen oder leichtes Anhobeln entfernbar). Anzumerken ist, daß zahlreiche Schimmelpilze teilweise immun gegenüber Holzschutzmitteln sind, so daß sie nicht selten in feuchten Bauten auf frisch imprägniertem Bauholz erscheinen. Nach Austrocknung des Holzes sterben Schimmelpilze ab und das ausgetrocknete Mycel kann abgebürstet werden.

2.2 Lebensbedingungen und Angriffsvermögen tierischer Schädlinge

Bei den Holzschäden durch Tiere stehen vor allem holzzerstörende Insekten im Vordergrund. Botanisch gesehen haben die Käferarten herausragende Bedeutung, doch auch Holzwespen und Ameisen können gelegentlich als Holzschädlinge auftreten. Außerhalb unserer Breiten sind vielfach Termiten die wichtigsten Holzzerstörer. Im Meerwasser hingegen leben Muscheltiere und Krebstiere als holzverwertende Organismen.

Holzzerstörende Insekten sind sehr anspruchsvoll

Fast alle holzzerstörenden Insekten sind ausgeprägt wählerisch hinsichtlich des Zustandes des Holzes, der ihnen am bekömmlichsten ist. Hier übertreffen sie die Pilze bei weitem. Es gibt Arten, die nur im saftfrischen Holz leben können, andere, die sich nur in trockenem Holz ansiedeln, und wieder andere, die auf faulendes, pilzbefallenes Holz angewiesen sind. Angesichts des Themas dieses Buches interessieren uns natürlich vorwiegend die, welche in und von trockenem Holz (= Bauholz) leben

Bei diesen wiederum tritt erneut ein ausgeprägtes Differenzierungs- und

Wahlvermögen auf. Hier gibt es solche, die sich nur auf ganz bestimmte Holzarten spezialisiert haben. Andere hingegen befallen zahlreiche Holzarten, haben aber einen gewissen, eng begrenzten Holzfeuchteanspruch. Auch bei der Verwertung der in verschiedenen Holzarten mehr oder weniger vorhandenen Nährstoffe bestehen erhebliche Unterschiede. Teilweise ernähren sich Insekten von den Eiweißanteilen des Holzes, teilweise bevorzugen sie die Zellulose, wieder andere leben hauptsächlich von der im Holz enthaltenen Stärke. Zudem ist der von den holzzerstörenden Insekten bevorzugte optimale Umgebungstemperaturbereich sehr eng begrenzt.[11] Auch das Holzalter spielt eine wesentliche Rolle.

Diese besonderen Vorlieben machen es leicht, bei Auswahl bestimmter Holzarten bzw. Kombination von nährstoffarmen Hölzern und bestimmten Umgebungsbedingungen oder bei Unterschreitung eines gewissen Feuchteniveaus der Ausbreitung von Insekten natürliche Hemmnisse in den Weg zu legen. Dies sind die Grundlagen natürlicher Schadensvermeidung und Werterhaltung, daher sind die im folgenden beschriebenen Kurzmonographien der wichtigsten holzzerstörenden Insekten entsprechend wichtig.

Lebenszyklus holzzerstörender Insekten

Selbst insektenkundlerische Laien wissen, daß der Schmetterling aus einer Puppe schlüpft, die wiederum aus einer Larve entsteht. Dieser typische Lebenszyklus mit vollkommenem Formenwechsel findet sich auch bei den holzzerstörenden Insekten wieder. Bei der Entwicklung vom Ei zum eigentlichen Käfer durchläuft das Insekt vier Stadien: Ei – Larve – Puppe – Käfer (= Vollinsekt). Sie stellen die sog. Generationsdauer dar, die bei den einzelnen Insektenarten unterschiedlich lang ist.

Bei den meisten einheimischen Käferarten dauert dieser Entwicklungszyklus gewöhnlich mehrere Jahre. Dagegen sind das Ei- und Puppenstadium im allgemeinen sehr kurz und erstrecken sich nur auf wenige Wochen oder sogar nur Tage. Auch der fertig entwickelte Käfer lebt mit meist nur drei bis fünf Wochen nicht lange. Daher ist die Lebenszeit als Larve sehr lang und erstreckt sich über mehrere Jahre (vgl. Abb. 6). Nur diese Larve ist es, die Holz ›auffrißt‹, Käfer, Ei und Puppe rücken ihm nicht zuleibe. Unter günstigen Lebensbedingungen und gutem Nährstoffangebot entwickeln sich die Larven rasch; während dieser Zeit fressen sie entsprechend viel. Liegen ungünstige Umweltbedingungen bzw. Nährstoffgehalte des Holzes vor, kann sich das Larvenstadium über die Regelzeit hinaus um Jahre verlängern. In dieser Zeit fressen sie allerdings nicht sehr viel; sie kümmern vor sich hin und nicht selten sterben sie ab.

Eiablage

Das Käferweibchen legt mit einer Legeröhre winzige Eier in kleine Risse, Spalten, alte Ausfluglöcher und ggf. große Poren des Holzes. Auf der glatten Holzoberfläche werden diese Eigelege nicht abgelegt. Von einem Weibchen werden oftmals mehrere hundert Eier produziert. Aus ihnen schlüpfen die Larven und beginnen, sich ins Holz einzunagen. Anschließend durchziehen sie

Larve

nagend den Holzkörper, soweit das Holz ihnen bekömmlich ist (Kernholz wird i.d.R. nicht befallen), wobei sie die für käferbefallenes Holz so charakteristischen Fraßgänge hinterlassen. Oft wird das weichere Frühholz dem härteren Spätholz vorgezogen; dann bleiben als Begrenzung der Fraßgänge wie bei einer Wabenstruktur die harten Holzanteile stehen

Wichtigste Bedingung für einen Neubefall durch Insekten ist daher das Vorhandensein von Rissen oder winzigen Spalten im Holz; teilweise genügen auch sehr große Poren (diese kommen nur bei bestimmten Laubhölzern vor). Insofern übrigens stellt eine gewissenhafte Holzauswahl und Holzverarbeitung (Rißfreiheit, Vollkantigkeit, Trockenheit, ›gesperrte‹ Verleimung bei Brettschichtholz, ›porenfüllende‹ bzw. filmbildende Oberflächenbehandlung), wie sie im guten Innenausbau selbstverständlich ist, eine der Voraussetzungen für den ökologischen Holzschutz gegen Insekten dar.

Verpuppung

Kurz vor der Verpuppung nagt die Larve meist knapp unter der Holzoberfläche einen Hohlraum aus, um sich dort zu verpuppen. Der fertige Käfer schlüpft schließlich im Holz, um die verbliebene papierdünne Schicht (nur sel-

Abb. 6: Entwicklungszyklus und Metamorphose der Käfer am Beispiel Hausbock (Quelle: Sutter 1986, S. 62)

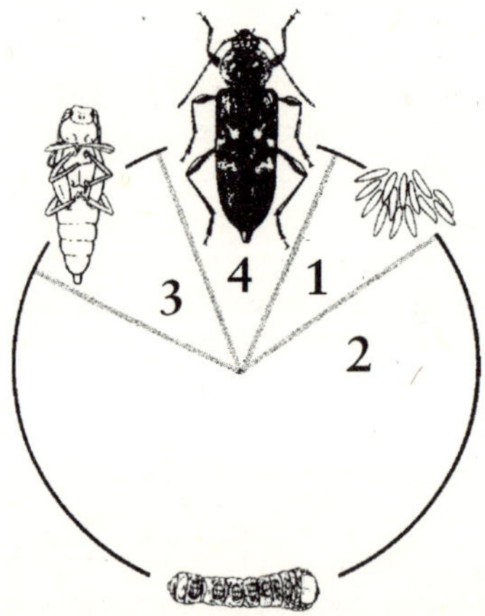

1 Eiablage, Schlupf der Larven nach 2-4 Wochen
2 Entwicklung der Larven im Holz während 3-10 Jahren
3 Puppenstadium 3-4 Wochen
4 Käfer 3-5 Wochen

ten ist noch ein längeres Gangstück anzulegen bzw. eine Abdeckung über dem Holz zu durchfressen) wie ein Küken das Ei zu durchstoßen und auszufliegen.

Ausfluglöcher

Diese für viele Käferarten charakteristisch geformten Ausfluglöcher kennt dann auch der Laie wieder und meint, einen aktiven Befall gefunden zu haben. Dabei verkennt er die Tatsache, daß das Loch die Abwesenheit der Käferlarve signalisiert; sie ist bereits ausgeflogen. Nur sehr frische Ausfluglöcher mit fast weißen Wandungen und sehr hellem Bohrmehl (leider nur vom Fachmann sicher von altem Ausflug zu unterscheiden) sind ein erstes Indiz für lebenden Befall und weitere im Holz minierende Larven. Allein aufgrund der Anwesenheit von Ausfluglöchern schon einen Befall zu vermuten, ist i.d.R. sehr abwegig. Sie können schon Jahrzehnte alt sein.

Käfer

Der Käfer selbst nimmt keine Nahrung mehr zu sich. Er fliegt ›ein wenig‹ umher, sucht einen Geschlechtspartner wegen der Nachkommenschaft, um nach wenigen Wochen schließlich zu sterben. Sein Dasein dient allein der Fortpflanzung. Dabei legt er selten größere Entfernungen zurück; meist bleibt er in der näheren Umgebung des ursprünglich befallenen Holzes (i.d.R nur einen Steinwurf entfernt).

Frischholzinsekten

Die Frischholzinsekten brauchen hohe Holzfeuchten als Entwicklungsbedingung und befallen daher lebende Bäume und höchstens noch frisch geschlagenes Holz, nicht hingegen trockenes, schon verbautes Holz. Auch eine spätere Wiederbefeuchtung reicht für einen Befall nicht aus. Sie sind daher reine Forstschädlinge.

Holzwespe

Sie werden hier dennoch erwähnt, weil eine bestimmte Spezies, die Holzwespen (botanisch: Siricidae), sich noch in trockenem Holz zum fertigen Insekt entwickeln können. D.h., ein Holzwespenbefall, der am stehenden bzw. lagernden frischen Stamm erfolgt, stirbt nach Fällung, Einschnitt und Einbau nicht ab. Das fertige Insekt schlüpft aus, kann aber an das verbaute Holz keine Eier mehr legen. Zu den befallbaren Holzarten zählen Fichte, Tanne, Kiefer und – nur bei der seltenen Riesenholzwespe – die Lärche; es wird jedoch nur das Splintholz angegriffen.

Daß die Holzwespen dennoch für den Holzbau einige Beachtung erlangt haben, liegt daran, daß sie gelegentlich beim Einbau frischer Hölzer eingeschleppt und mit Trockenholzinsekten verwechselt werden. Zudem können sie nach dem Ausschlüpfen auf dem Holz aufliegende Abdeckungen wie Bitumenbahnen, Dachpappe und ein Einzelfällen sogar dünne Metallbleche durchnagen, um ins Freie zu gelangen. Das führt dann bei Dachabdeckungen gelegentlich zum Wassereintritt und zu sekundären Wasserschäden. Eine Holzschutzbehandlung ist in diesen Fällen – obwohl der Schrecken der Hausbewohner oftmals groß ist – nicht notwendig, eher ein Abdichten der schadhaften Dachhaut.

Ausgeflogene Holzwespen sind an kreisrunden, glattkantigen Löchern erkennbar (wichtiges Unterscheidungsmerkmal zum Hausbockkäfer!). Sie weisen in Abhängigkeit von der Größe der geschlüpften Wespen Durchmesser zwischen etwa 4 – 10 mm auf. Die Fraßgänge sind in charakteristischer Weise mit Bohrmehl fest verstopft.

Trockenholzinsekten

Als wirtschaftlich wichtige Bauholzschädlinge sind von den Insekten lediglich einige Trockenholzinsekten zu nennen. Sie können sich bei geringerer Holzfeuchte (daher ihr Name) entwickeln und lufttrockenes oder gelegentlich auch kammergetrocknetes Holz befallen. Dadurch ist es ihnen möglich, während mehrerer Insekten-Generationen trockenes Bauholz zu schädigen, zudem sie viele Generationen hindurch in demselben Holz tätig sind. Zu den Trockenholzinsekten gehören der Hausbockkäfer, sowie verschiedene Nagekäfer

(=Anobiiden) und die Splintholzkäfer (Lyctuskäfer), womit gleichzeitig die wichtigsten tierischen Zerstörer des verbauten und verarbeiteten Holzes in unserem Klimagebiet genannt sind.

Um gleich einem weitverbreiteten und von interessierten Kreisen geförderten Irrtum vorzubeugen: In trockenen beheizten Wohnräumen besteht wegen der spezifischen Umgebungsansprüche der Käfer nur eine verschwindend geringe Gefahr eines Neubefalls.

Auch im Leben der holzbewohnenden Käferlarven spielt also die Holzfeuchte eine wichtige Rolle; hier hat sie jedoch nicht die große Bedeutung wie bei den Pilzen. Die meisten holzabbauenden Käferlarven vermögen bis zu einer Holzfeuchte von etwa 9 – 10 % herunter zu existieren (vgl. Tab. 2).

Tab. 2: Entwicklungsbedingungen der wichtigsten Trockenholzinsekten. (Nach Grosser 1985)

Insekt	Temperatur	Holzfeuchte	Bevorzugte Holzart
Hausbock (Hylotrupes bajulus)	11-38 °C	9-60 %	Splint von Nadelholz
Gemeiner Nagekäfer (Anobium punctatum)	14-29 °C	12-48 %	feuchtes Nadel- und Laubholz (bei Farbkernhölzern nicht im Kern)
Brauner Splintholzkäfer (Lyctus brunneus)	bis 32 °C	7-28 %	stärkehaltiges helles Laubholz (bei Farbkernhölzern nur heller Splint)

Eine Art überlebt noch bis etwa 7 %.[12] Diese Holzfeuchte-Werte sind jedoch Mindestbedingungen für das *Überleben* der Käferlarven. Ein lebender Befall stirbt unter diesen Bedingungen nicht vollständig ab, doch die Larven kümmern vor sich hin, ihnen geht es schlecht und zahlreiche Exemplare einer Population überleben auch diese an sich noch verträglichen Holzfeuchten nicht. Ein Neubefall eines so trockenen Holzes findet, vorausgesetzt, es sind Eiablagestellen am Holz vorhanden, in der Praxis jedoch extrem selten statt.

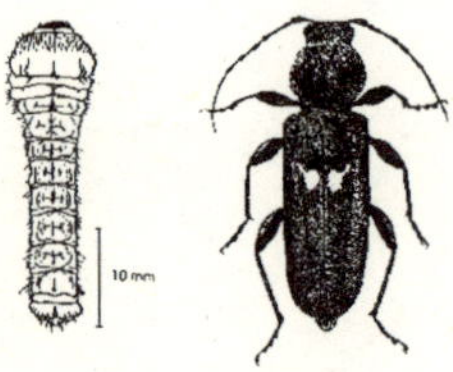

Abb. 7: Larve und Käfer des Hausbocks Hylotrupes bajulus (Quelle: EMPA, LIGNUM 1986)

Der Hausbockkäfer[13] ist das wirtschaftlich bedeutendste holzzerstörende Insekt, da er aufgrund seiner Lebensbedingungen auch unter hiesigen Klimavoraussetzungen gut gedeihen kann. In ungünstigen Fällen kann seine Larve erheblichen Schaden anrichten, so daß ganze Dachsparren oder Balken auszuwechseln sind.

Da er sich hauptsächlich von Eiweiß ernährt, befällt er ausschließlich Nadelholz; Laubhölzer sind für ihn wegen des niedrigeren Eiweißgehaltes ungenießbar. Er bevorzugt ganz eindeutig den Splint. Kernholz wird gemieden; Reifholz von Fichte und Tanne ist für seine Entwicklung ungünstig. Sehr langsam sind das Wachstum und sehr hoch die Larvensterblichkeit in trockenem und alten Holz. Altes Holz ab etwa 50 – 60 Jahren unterliegt ohnehin kaum noch einer Gefahr, einen Neubefall zu erleiden. Einerseits weist es kaum noch Lockstoffe auf und zum anderen sind die Eiweißstoffe durch alterungsbedingte Veränderungen (Oxidation) weitgehend zerstört. Insgesamt ist die Befallswahrscheinlichkeit in etwa 10 – 30 Jahre altem Nadelholz rel. groß. Bei rund 50 Jahre altem Nadelholz läßt sie drastisch nach, während 100 Jahre altes Nadelholz praktisch nicht mehr befallen werden kann. Durchschnittlich kann bei 50- bis 60jährigem Holz mit einem beginnenden Absterben eines vorhandenen Hausbockbefalls gerechnet werden. Sollte solch altes Holz dennoch einmal neubefallen werden, erlischt dieser Befall rasch wieder. Die Gefahr eines nennenswerten Bauschadens als Folge eines Befalls alten Holzes ist als äußerst gering einzuschätzen (kostspielige Bekämpfungsmaßnahmen erübrigen sich also – im Gegensatz zur Meinung vieler Schädlingsbekämpfungsunternehmen; auch von vorbeugenden Holzschutzmaßnahmen kann bei alten Dachstühlen abgesehen werden).

Hausbock: nur Nadel-Splintholz

Hausböcke vermögen innerhalb eines Holzfeuchtebereiches von 9 % bis ca. 60 % zu leben; ihre Entwicklung und Fraßtätigkeit sind am größten bei ca. 30 – 40 % Holzfeuchte und bei einer Temperatur von 28 – 32 °C (vergleiche Abb. 8 und Abb. 9). Unter 10 °C nimmt die Aktivität der Larven stark ab; allerdings wird selbst harter Frost noch gut vertragen, ohne daß sie absterben. Unter etwa 8 – 9 % Holzfeuchte (das entspricht einer relativen Luftfeuchtigkeit von 40 – 50 %) sterben die Larven nach einer längeren Hungerszeit ab; auch höhere Temperaturen im Holz oberhalb von 50 °C wirken nach relativ kurzer Zeit tödlich (s.S. 92-94).

Hausbock: Lebensbedingungen

Am häufigsten kommt der Hausbock daher auf Dachböden vor, wobei wiederum bevorzugt Dachgebälk befallen wird, das im Sommer der Strahlungswärme der Sonne ausgesetzt ist. Dieses besteht i.d.R. aus Nadelholz (Fichte/Tanne-Sortimente) mit nicht unerheblichem Splintanteil. In einem befallenen Gebäude können aber auch Deckenbalken, Holzschalungen, Fußböden etc. angegriffen werden, sofern sie aus geeigneten Holzarten bestehen und nicht zu trocken sind. Gelegentlich tritt der Hausbock auch im Freien an Fachwerk, Masten, Pfählen etc. auf. In Wohnungen oder gar kühleren Kellern ist er dagegen äußerst selten anzutreffen.

Typisches Erkennungsmerkmal des Hausbockes ist sein Ausflugloch: Es ist oval mit Abmessungen von 4 – 5 x 7 – 10 mm, seine Ränder sind bei rauher Holzoberfläche leicht gefranst und bei glattem Holz glattwandig. Die Bohrgänge sind, mit Ausnahme der ersten etwa 3 cm hinter dem Ausflugloch, dicht mit Bohrmehl und walzenförmigem, holzfarbenem Kot gefüllt. Die Käfer werden bis zu 25 mm lang, während die Larven im ausgewachsenen Zustand Längen von 15 – 30 mm erreichen.

Gemeiner Nagekäfer (Anobium punctatum)

Der Gemeine oder auch Gewöhnliche Nagekäfer, ein Insekt aus der Gruppe der Anobien (= Nagekäfer), ist der auffallendste und wichtigste Vertreter seiner Art. Er ist zugleich der bekannteste Holzschädling, den nicht nur der Volksmund oft als »Holzwurm« bezeichnet. Nur allzu häufig finden sich die

Abb. 8:
Einfluß der Holzfeuchte auf die Entwicklung holzzerstörender Insekten (Nach Becker, G. 1944; aus Grosser 1985, S. 95)

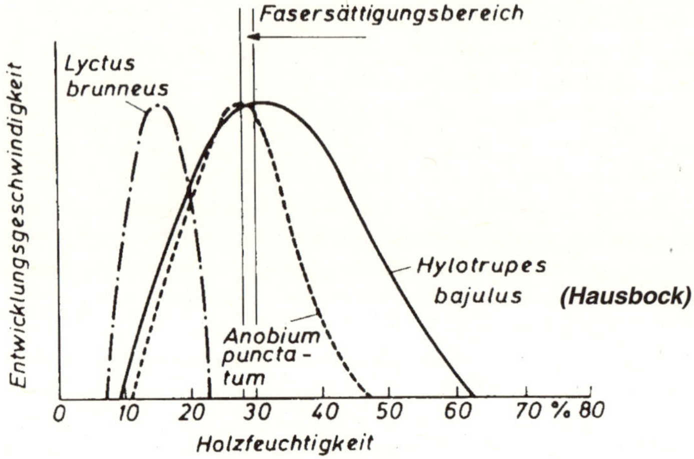

Abb. 9:
Abhängigkeit der Larvenentwicklung von der Temperatur (Nach Becker, G. 1944; aus Grosser 1985, S. 95)

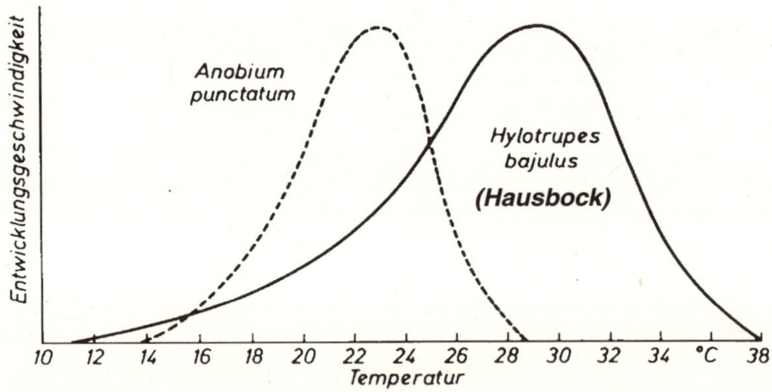

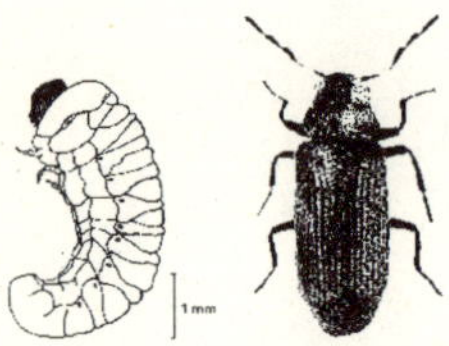

Abb. 10:
Larve und Käfer des Gemeinen Nagekäfers Anobium punctatum (Quelle: EMPA, LIGNUM 1986)

kleinen runden »Wurmlöcher« in alten Holzgegenständen jeder Art, vor allem in Antiquitäten und Kunstwerken. Bisweilen wird er auch Klopfkäfer oder Totenuhr genannt; dies geschieht jedoch zu Unrecht, denn er klopft nicht.

Die Larven nutzen als Nahrung hauptsächlich die Zellulose des Holzes, so daß dieser Käfer hinsichtlich der Holzart nicht wählerisch ist: Laubholz wie Nadelholz kann gleichermaßen befallen werden. Weiche Hölzer scheinen bevorzugt zu werden. Von Hölzern mit einem Farbkern, wie z.B. Kiefer, Lärche, Eiche, wird nur das Splintholz zerfressen. Kernholz ist nicht grundsätzlich resistent, es kann nach vorherigem Pilzbefall angegriffen werden (= hohe Holzfeuchte). Von den tropischen Holzarten sind hingegen viele immun, so z.B. Abachi, Ilomba und Limba (vermutlich aufgrund des hohen Mineralgehalts).

Im Unterschied zum Hausbock kann auch altes Holz befallen werden.

Lebensbedingungen

Der Gemeine Nagekäfer stellt an den Holzfeuchtegehalt höhere Ansprüche als der Hausbock: Der Überlebensbereich liegt zwar zwischen 12 % und 48 % Holzfeuchte, doch bevorzugt er eindeutig relativ feuchtes Holz um etwa 28 % (= 100 % Luftfeuchtigkeit). Unterhalb einer Holzfeuchte von 11 % (= Luftfeuchte von 55 – 60 %) hört die Entwicklung der Larven auf. Der verträgliche Temperaturbereich reicht von 14 – 29 °C, wobei das Optimum zwischen 22 und 23 °C liegt (vgl. Abb. 8 und 9). Bei Temperaturen oberhalb von 46 °C im Holz sterben die Larven in rel. kurzer Zeit ab (s. S. 92-94). Gleiches gilt für starken Frost: – 20 °C wirken rel. rasch tödlich, bei freigelegten Fraßgängen reichen – 13 °C bis – 14 °C in etwa 24 Stunden.

Im Prinzip wird jede Art von Holz unabhängig vom Alter bewohnt: Balken, Bretter, Latten, Dielen- und Parkettböden, Treppen, Türen, Möbel, Korbwaren, Kunstgegenstände, hölzerne Buchdeckel etc. Dabei stehen weniger die Zerstörungen des Bauholzes als vielmehr der Einrichtungsgegenstände im Vordergrund. Aus den Klimaansprüchen jedoch erklärt sich, daß Anobien vorzugsweise in Kellern, feuchten Erdgeschossen oder feuchten Dächern sowie in Kirchen und Museen mit mäßiger Temperatur und meist höherer Luftfeuchtigkeit (= höhere Holzfeuchte) anzutreffen sind. Dabei nimmt die Populationsdichte z.B. in Dächern nur langsam zu. Gelegentliche Befeuchtung des Holzes fördert die Entwicklung der Larven, weshalb sie bevorzugt in Sockelleisten, Möbelfüßen und anderen Holzteilen auftreten, die beim regelmäßigen Reinigen mit Wasser in Berührung kommen. Im Freien verbautes und dem Regen ausgesetztes Holz ist kaum gefährdet. Wenn auch das Temperaturoptimum als von Anobien bevorzugte Räume Wohnungen erwarten ließe, so erlauben dies die Holzfeuchtebedingungen nicht. Langanhaltende Trockenheit, z.B. in zentralbeheizten Räumen mit Holzfeuchten unter 10 %, läßt einen Neubefall mit Anobien nicht zu. Auch die große Ortstreue der Käfer, die ein befallenes Holz solange mit Eiern belegen, bis die Nährstoffe aufgebraucht sind, macht einen Neubefall von bisher nicht befallenen, trockenen Gebäuden bzw. Holzgegenständen sehr unwahrscheinlich.

Der Gemeine Nagekäfer ist mit 3 – 5 mm Länge ziemlich klein. Die Larven sind i.d.R. engerlingsartig gekrümmt und 4 – 6 mm lang. Die Fluglöcher weisen Durchmesser von 1 – 2 mm auf und sind meist kreisrund. Bei starkem Befall erscheint die Holzoberfläche schrotschußartig durchlöchert. Die Gänge sind locker mit Bohrmehl gefüllt; bei starkem Befall findet man bisweilen auf Dielungsbrettern oder unter Möbeln Bohrmehlhäufchen, die stets ein untrügliches Zeichen für lebende Anobienlarven sind, sofern sie wiederholt auftreten.

Brauner Splintholzkäfer (Lyctus brunneus)

Die dritte und letzte wichtige Gruppe holzzerstörender Käfer, die Splintholzkäfer, repräsentiert der Braune Splintholzkäfer, kurz Lyctus genannt. Er ist ein ursprünglich tropischer Holzschädling und daher in den wärmeren Gebieten

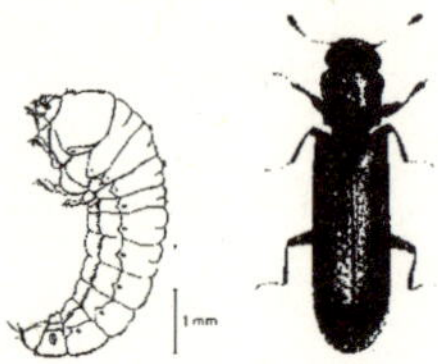

Abb. 11: Larve und Käfer des Braunen Splintholzkäfers Lyctus brunneus (Quelle: EMPA, LIGNUM 1986)

der Erde beheimatet. Durch den Holzhandel mit Tropenhölzern ist er so weit in der Welt verbreitet, daß er zu einem regelrechten Kosmopoliten geworden ist. Auch in unseren Breiten, hier aber vorwiegend in Holzlagern, hat er Überlebensbedingungen gefunden. Daher hat er sich vor allem für Holzhandel und Holzverarbeitung in Industrie und Handwerk zu einem nicht unbedeutenden Schädling entwickelt.

nur in Laubhölzern

Voraussetzung für den Befall einer Holzart durch den Braunen Splintholzkäfer sind Eiweißstoffe und vor allem ein reichlicher Gehalt an Stärke. Der Lyctus ist daher ein typischer Laubholzschädling; Nadelholz wird nicht angegriffen. Bei Laubhölzern mit einem Farbkern beschränkt sich der Befall nur auf das Splintholz. Generell bevorzugt er die stärkereichen hellen Laubhölzer. Gefährdet sind daher helle Holzarten wie Abachi, Ilomba, Limba, Ramin oder Okoumé über ihren gesamten Querschnitt. Bei Hölzern wie Eiche, Esche, Nußbaum, Sipo-Mahagoni, Tchitola, Ulme (Rüster) etc. kann lediglich der Splint angegriffen werden. Wie die Nadelhölzer ist auch die stärkearme Buche vollkommen immun gegen Lyctusbefall. Ein Käferbefall wird vorwiegend durch Abachi, Limba und Ilomba eingeschleppt, Holzarten, die aus Afrika stammen. Es liegen keine Erkenntnisse darüber vor, ob altes Laubholz weniger gefährdet ist. Zu vermuten ist allerdings, daß die Anfälligkeit im Alter zumindest nachläßt, denn von den Entwicklungsbedingungen des Hausbocks (Näheres siehe dort) ist bekannt, daß Eiweißstoffe alterungsbedingt oxidieren. Eine Larvenentwicklung des Lyctus kann auch dann nicht stattfinden, wenn genügend Stärke vorhanden ist, aber Eiweißmangel herrscht.

Lebensbedingungen

Entsprechend seiner ursprünglich tropischen Heimat benötigt der Braune Splintholzkäfer niedrige Holzfeuchten und rel. hohe Temperaturen zur optimalen Entwicklung. Er vermag innerhalb eines Holzfeuchtebereichs von 7 % (= 35 – 40 % Luftfeuchtigkeit) bis 28 % (= 100 % Luftfeuchtigkeit) zu überleben, wobei 16 % für seine Entwicklung optimal sind (vgl. Abb. 8). Das Temperaturoptimum liegt bei 26 – 27 °C. Temperaturen im Holz oberhalb von 46 °C führen innerhalb einer rel. kurzen Zeit zum Tode der Lyctuslarven (Heißluftbekämpfung, s.S. 92-94). Demgegenüber ist er bei Frost entsprechend seiner ursprünglich tropischen Herkunft empfindlicher als die Anobien. Wenn auch konkrete Forschungsergebnisse nicht vorliegen, so ist die Annahme berechtigt, daß –10 °C bis –15 °C im Holz rasch tödlich wirken.

Aus den Lebensbedingungen läßt sich ableiten, daß Käfer vom Typ Lyctus hauptsächlich in bewohnten und beheizten Innenräumen sowie im Schnittholz in Schreinerwerkstätten, Trockenkammern und erwärmten Holzlagern Lebensraum finden. Dachstühle, Holz in ungeheizten Räumen sowie Kellern, Scheunen, Schuppen etc. und anderes Außenbauholz werden gemieden, zumal dort weder Lebensbedingungen noch geeignete Holzarten vorkommen. Ein *Neubefall* von Innenausbauholz in bislang unbefallenen Häusern wie Möbel, Türrahmen, Leisten, Abdeckungen, Treppengeländer, Sperrholz etc. – ist unwahrscheinlich. Einerseits wird das helle Splintholz von Eiche und anderen

Neubefall und Verbreitung selten

Farbkernhölzern im Innenausbau aus optischen Gründen vermieden. Andererseits sucht der Käfer nach der Kopulation, die meist in der Abenddämmerung stattfindet, unverzüglich ein nahegelegenes, geeignetes Holzstück zur Eiablage auf (er bleibt oft im gleichen Raum). Eine Verbreitung über mittlere Flugdistanzen hinweg, etwa zwischen Gebäuden, ist sehr selten. Sie setzt nächtliche Temperaturwerte voraus, die in unseren Breitengraden mit einer gewissen Regelmäßigkeit praktisch nur in Gegenden auftreten, deren Klima dem südlichen Alpengebiet entspricht. Ein Lyctusbefall, sofern tatsächlich einmal mit befallenem Holz eingeschleppt[14], kann sich in trockenem, geeignetem Klima rel. gut ausbreiten, da die Generationsdauer im allgemeinen nur zwischen 5 und 18 Monaten dauert (zum Vergleich: Hausbock 3 – 10 Jahre!). Da die Eiablage der Weibchen außer in die feinen Risse bevorzugt in die größeren Poren der Laubhölzer erfolgt, kann durch Porenverschluß (= Oberflächenbehandlung) der Lyctusgefahr entgegengewirkt werden. Auch in Holzlagern kann der Befallsgefahr vorgebeugt werden, indem befallsgefährdetes Holz längere Zeit luftig gelagert wird, so daß der Stärkegehalt allmählich abgebaut wird (dazu ist im übrigen künstliche Trocknung nicht in der Lage). Unter diesen Voraussetzungen gibt es für Lyctus-Käfer keine Überlebensbedingungen; Warnungen einschlägig interessierter Kreise vor Lyctusbefall auch in bewohnten Innenräumen sind haltlos.

Der Braune Splintholzkäfer ist, obwohl er mit 3 – 8 mm etwa die gleiche Länge wie der Gemeine Nagekäfer besitzt, durch den schlanken, länglichen und hell- bis rotbraunen Körper deutlich von ihm zu unterscheiden. Die Larven sind gekrümmt und i.d.R. bis 6 mm lang. Im Anfangsstadium eines Befalls gibt es nur sehr feine, fest mit Bohrmehl verstopfte Gänge. Im fortgeschrittenen Stadium werden ganze Holzschichten flächenartig zerstört. Dabei fallen große Mengen an puderfeinem Bohrmehl an, das aus den Poren des Holzes, den Fluglöchern und ggf. Oberflächenrissen herausquillt. Die fast kreisrunden Fluglöcher weisen Durchmesser von 0,8 – 2,0 mm auf. Stark befallene Holzteile sind siebartig mit Fluglöchern übersät.

2.3 Witterungseinflüsse auf außen verbautes Holz

Vielfältige Einflüsse durch Klima, Witterung und Atmosphärilien belasten die Holzoberfläche im Außenbereich. In erster Linie sind zu nennen Sonnenstrahlung (hier vor allem das UV-Licht und die Wärmeentwicklung), Wasser (Regen und Tau), Temperaturwechsel (Hitze, Frost) und Wind (Austrocknung, mechanischer Abrieb durch Sand und Staub). Zusätzlich können chemische Einflüsse wie Säuren (saurer Regen), Salze oder Rauchgase auftauchen.

Direkte, aber auch indirekte Witterungsbelastung durch Regen, Nebel, Tau etc. sowie Erhöhung der Luftfeuchtigkeit führen zu mehr oder weniger großer und tiefreichender Auffeuchtung des Holzes. Diese ist allerdings für die Dauerhaftigkeit der Konstruktion ein weitaus geringeres Problem als von interessierten Kreisen oftmals behauptet. Nur bei genügend lange anhaltender Holzfeuchte oberhalb von 20 % (meist bei unsachgemäßen Konstruktionen oder zum Beispiel dauerndem Erdkontakt) besteht eine Gefahr durch Fäulnisbefall (s. S. 13-21). Kann Holz immer wieder abtrocknen, was in den meisten Fällen gegeben ist, besteht keine Gefahr durch holzbesiedelnde Pilze. Auffeuchtung führt aber auch zur Quellung des Holzes. Bei späterer Abtrocknung schwindet das Holz wieder. Der dauernde Wechsel von Quellen und Schwinden hat zur Folge, daß sich in der Holzoberfläche Mikrorisse bilden, die sich allmählich vergrößern. Bei Holz, welches direkt von der Sonne beschienen wird, ist der Wechsel von feucht und trocken, von quellen und schwinden vor allem im Tag- und Nachtwechsel am stärksten ausgeprägt: Nächtlicher Tau (oder ggf. nächtliche Niederschläge feuchten die Oberflächenzone stark auf. Direkte Sonnenbestrahlung am nachfolgenden Tag hat eine äußerst rasche Trocknung durch Temperaturerhöhung der Holzoberfläche zur Folge, was die Gefahr der Mikrorißbildung noch erhöht.

Wechsel von feucht und trocken

Feuchtewechsel können zu einem weiteren nachteiligen Phänomen führen. Die Brettseiten verhalten sich beim Tangentialschnitt (Fladerschnitt) unterschiedlich. Auf der rechten Seite[15] können sich die Spätholzanteile von dem Frühholz lösen und sich aufwölben. Dadurch entstehen ebenfalls Risse in der Brettfläche – dadurch wird aber auch eine spätere Anstrichschicht mechanisch zerstört.

Neben den starken Schwankungen der Holzfeuchte und dem alternierenden Quellen/Schwinden tritt ein weiteres Phänomen auf: die Oberflächenverwitterung. Die sehr energiereiche UV-Strahlung des Sonnenlichts ruft im Holz eine fotochemische Abbaureaktion hervor. Auf diese Weise spaltet sich das Lignin in wasserlösliche Komponenten an der Holzoberfläche, die keine ausreichende Haftung mehr zum Untergrund haben und durch Niederschläge (auch Wind und Abrasion durch Sand und Staub) ausgewaschen werden können. Das führt schließlich nach Jahrzehnten zu einer reliefartigen Oberflächenstruktur: erhaben das härtere Spätholz, vertieft das weiche Frühholz. Man kennt den Effekt von sehr alten Feldscheunen; diese Hölzer sind auch gleichzeitig von den im Absatz vorher beschriebenen tiefen Rissen durchzogen. Parallel dazu erfolgt eine starke Nachdunkelung des (Nadel-)Holzes, die über hellbraun und hellgrau geht und einen silbriggrauen bis silbrigschwarzen oder gar grauschwarzen Farbton annehmen kann. Ursprünglich dunkle Laubhölzer können mit dem silbrigen Farbton durchaus auch heller werden. Das, was das Holz grau macht, stellt sich bei näherer Betrachtung als eine Kolonie verschiedener Mikroorganismen dar, die infolge des gelegentlichen Feuchtigkeitsseinflusses wachsen können und von den photochemisch bedingten Abbauprodukten der Holzoberfläche leben. Sie greifen gesundes Holz nicht an und sind für die Konstruktion unschädlich. Fehlt die witterungsbedingte

UV- Strahlen

Feuchtigkeit, so wachsen diese Organismen nicht, das Holz vergraut nicht. In einem solchen Fall wird es ›nur‹ hellbraun bis – später – tief dunkelbraun infolge von UV-Licht. Als Faustregel kann man sich merken: UV-Licht + Feuchtigkeit ergibt Vergrauung, UV-Licht allein ergibt Bräunung. Sehr ausgeprägt tritt dieser Effekt im UV-reichen Hochgebirge auf. Im Flachland unserer Breiten ist der Unterschied erheblich geringer.

Vergrauung und Verwitterung

Die Witterung selbst zerstört einen Holzgegenstand oder eine Holzkonstruktion nicht; Holzschädlinge können sich allein infolge der Witterungsexposition nicht entwickeln (s. Abb. 13, S. 39). Doch vergrößert sich diese Gefahr für fehlerhaft konstruierte und daher schadensanfällige Holzbauteile. Insgesamt gesehen gibt es allenfalls eine ästhetische ›Einbuße‹. Daher ist es grundsätzlich möglich – geeignete Konstruktion oder Holzart vorausgesetzt –, das Holz der natürlichen Verwitterung und Vergrauung auszusetzen. Die im Endstadium schöne silbergraue bis braungraue Färbung der Holzoberfläche ist allerdings in den ersten Jahren noch nicht vorhanden. In dieser Zeit sieht das Holz sehr scheckig, unschön und teilweise schmuddelig aus. Folglich wollen viele Zeitgenossen diese Verwitterung nicht tolerieren und sprechen dann von ›Holzschäden‹.

Auch Holzanstriche altern

Auch Holzanstriche – sie seien passenderweise in diesem Abschnitt erwähnt – unterliegen der witterungsbedingten Alterung. Ebenso wie die obersten Holzschichten vom UV-Licht angegriffen werden, werden auch Anstrichschichten zerstört – sofern UV-Licht (und auch Regen) ungehinderten Zugang haben. Dies ist z.B. bei Klarlacken und farblosen Lasuren der Fall. Sie werden bei direkter Witterungsbelastung rasch zerstört und könnten daher im äußersten Fall nur bei stark zurückgesetzten Fassadenbauteilen – z.B. unter Loggien oder unmittelbar unter ausgeprägt weiten Vordächern – und damit nur bei mittelbarem Witterungseinfluß verwendet werden. Aber auch dann muß man mit einer Versprödung infolge Sonnenscheins rechnen. Zudem wird das Holz unter diesen farblosen Anstrichen vom Licht verändert und möglicherweise in seiner Tragfähigkeit beeinträchtigt. Farbpigmente in Anstrichschichten reflektieren Licht und UV-Strahlen; je mehr davon vorhanden sind, desto witterungsgeschützter ist der Anstrich. Decklacke haben daher eine relativ lange Lebensdauer, kräftig pigmentierte Lasuren ebenfalls. Schwächer sind dagegen Lasuren in schwachen oder zarten Farbtönen, bei denen der helle Farbton meist durch ein Weglassen von Pigmenten (oder auch durch ein zu dünnes Streichen) erreicht wird.

Oberflächenerwärmung

Holz und farbige Oberflächen erwärmen sich je nach Farbton bei Sonnenbestrahlung unterschiedlich stark. Über ein Jahr gemittelt liegt die Oberflächentemperatur bei einem dunklen, sonnenexponierten Holzbauteil etwa 4 – 6 °C über derjenigen eines hellfarbig behandelten Teils.[16] Farbton und resultierende Erwärmung wirken sich über die Holzfeuchte in den oberflächennahen Holzschichten auf die Rißbildung und den Austritt von Harzen aus. Sehr dunkle Farbtöne besitzen folglich den Nachteil, sich zu stark aufzuheizen: Das darunterliegende Holz trocknet zu schnell, Harz (bei Nadelholz) kann austreten (und seinerseits die Anstrichschicht zerstören) etc. Der Wechsel zwischen starker Aufheizung und Abkühlung schließlich ist es, der Rißbildung im Holz (insbesondere an der Grenze Früh-/Spätholz) und Fugenöffnung provoziert und zur Versprödung der Anstrichschicht beiträgt.

2.4 Reale Gefährdung von Holz durch Schadorganismen

Es ist nach den vorherigen Ausführungen einleuchtend, daß ein nicht ausgebauter Dachstuhl aus dem Kernholz der Kiefer unter dichter Dachhaut weder eine Befallsgefahr durch holzzerstörende Insekten noch durch holzbesiedelnde Pilze zu befürchten hat. Einerseits ist das Holz, da eine Befeuchtung fehlt, zu trocken für einen Befall durch Pilze. Andererseits ist hier aufgrund der Klimabedingungen zwar der bevorzugte Lebensraum des Hausbockkäfers. Dieser aber findet kein freßbares Holz (er verzehrt ausschließlich Splintholz). Für den Gemeinen Nagekäfer ist das Holz zu trocken, zudem fehlt der für Kernholz notwendige vorherige Pilzbefall; und der Braune Splintholzkäfer schließlich ernährt sich nur vom Splint einiger Laubhölzer.

Keine Gefahr durch Holzschädlinge: Beispiele

Buchenholz im Wohnungen ist ebenfalls nicht gefährdet. Pilzbefall hat aufgrund der Trockenheit ebensowenig eine Chance wie der Befall durch den Gemeinen Nagekäfer. Der Hausbock lebt nur in Nadelholz und für den Lyctus ist der Stärkegehalt viel zu gering, er kann kein Buchenholz befallen.

Bei Fassadenschalungen im Außenbereich schließlich, sofern gut konstruiert und wasserabweisend oberflächenbehandelt (s. S. 55-59 und 68-69), ist die Befallsgefahr durch Organismen ebenfalls hinreichend gering. Einerseits bestehen sie üblicherweise aus Nadelholz, so daß der Braune Splintholzkäfer keine Chance hat. Der Hausbock kann zwar prinzipiell überleben (sofern im Holz vorhanden), doch für einen Neubefall sieht er seine Ansprüche an die optimalen Entwicklungstemperaturen nicht erfüllt. Auch dem Anobium punctatum behagt das Klima nicht. Er findet weder hinsichtlich der Holzfeuchtebedingungen (s. S. 35) noch der Entwicklungstemperaturen (er liebt es auf Dauer warm) optimale Bedingungen vor, so daß er insgesamt lieber fernbleibt. Andererseits können Fassadenschalungen bei geeigneter Konstruktion nach witterungsbedingter Auffeuchtung immer wieder abtrocknen. Ihr Holzfeuchteniveau ist daher auch für die Entwicklung holzzerstörender Pilze zu niedrig.

Alle drei Beispiele, wenn auch der Dachstuhl aufgrund der tatsächlichen Situation auf dem Schnittholzmarkt nicht ganz realistisch ist, mögen belegen, daß Holz grundsätzlich *nicht* gefährdet ist. In der Regel fehlt holzzerstörenden Organismen mindestens einer der für einen Neubefall notwendigen Para-

Einsatzfall	Feuchtegehalt (%)
Holz in zentralbeheizten Räumen	6-8 (ggf. -10)
Holz in ofenbeheizten Räumen	8-12
Holz in allseitig geschlossenen Bauwerken ohne Heizung	8-15
Holz in überdachten, offenen Bauwerken	12-18
Holz in der Witterung allseitig ausgesetzten Konstruktionen	ca. 18 ± 5
Sollfeuchte für Holzfenster und Außentüren (bei Einbau)	10-15
Sollfeuchte für Inneneinbauten (bei Einbau)	8-12

Tab. 3: Durchschnittlicher mittlerer Feuchtegehalt von Holz in verschiedenen Anwendungsbereichen

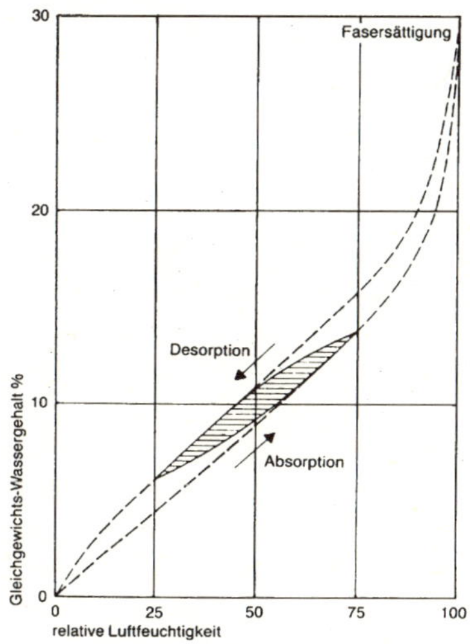

Abb. 12: Abhängigkeit der Holzfeuchte (= Gleichgewichts-Wassergehalt) von der rel. Luftfeuchtigkeit. Der Holzfeuchtegehalt pendelt sich etwa zwischen den gestrichelten Linien ein. (Nach Niemz 1993; aus Sutter 1986, S. 25)

meter Nährstoffbedarf (= Holzart), Alter des Holzes, langfristige Umgebungstemperatur, durchschnittliche Holzfeuchte und Eiablagemöglichkeit.

Den durchschnittlichen Holzfeuchtegehalt in verschiedenen Anwendungsbereichen enthält Tabelle 3; die Abhängigkeit der Holzfeuchte von der Luftfeuchte stellt Abb. 12 dar. Beide Darstellungen ermöglichen bereits die Abschätzung der realen Befallsgefahr durch holzbesiedelnde Pilze. Deren Lebensbedingungen zeigt – zum Vergleich – Tab.1 (s. S. 14). Vor dem Hintergrund, daß zur Entwicklung der Pilze eine über mehrere Wochen hinweg dauernde Holzfeuchte von mind. 20 % notwendig ist, wird klar, daß, pauschal gesagt, Holz unter üblichen Umgebungsbedingungen nicht durch Fäulnis gefährdet ist. Dies gilt selbst für bewittertes Außenbauholz, z.B. hinterlüftete Fassaden, aufgesockelte Pfosten, Pergolen oder hölzerne Lärmschutzwände, welches durch Belüftung immer wieder abtrocknen kann (vgl. Abb. 14, S. 40). Die Holzfeuchte hat bei tragenden und aussteifenden Bauteilen, also bei

trockenes Holz

Konstruktionen, deren Querschnitte nach der Tragfähigkeit zu bemessen sind und die vom Statiker berechnet werden, nach DIN 1052 bei Einbau im Mittel zwischen 9 % und 18 % zu betragen,[17] und nach DIN 68 800 Teil 2 sich nicht unzuträglich zu ändern; damit sind auch DIN-gerechte Bauwerke nicht durch Pilze gefährdet. Wird dies beherzigt – wozu dieses Buch beitragen möchte –, gibt es keine reale Befallsgefahr von Bauholz durch holzbesiedelnde Pilze.

feuchtes Holz

Problematisch hingegen sind ein Feuchtigkeitsstau bzw. die Verzögerung der Austrocknung feucht eingebauten oder nachträglich feucht gewordenen Holzes. So etwas kann beispielsweise bei ungenügender Belüftung, dauerndem Feuchtenachschub oder falsch angebrachter Wärmedämmung und Dampfbremse geschehen.

Lyctus

Die Befallsgefahr durch Insekten ist allerdings eher wenig von der Holzfeuchte abhängig. Doch auch die reale Gefahr von Bauschäden durch Insektenbefall ist erheblich geringer als üblicherweise angenommen. Der Lebensraum des Lyctus beschränkt sich auf stärkereiches Splintholz vor allem in warmer und trockener Umgebung. Daher ist prinzipiell Holz in Wohnungen, Schreinerwerkstätten, temperierten Holzlagern o.ä. betroffen. Da der Innenausbau den hell abgesetzten Splint von Farbkernhölzern aus optischen Gründen i.d.R. vermeidet, reduziert sich die Lyctusgefahr auf holzverarbeitende Betriebe. Vorausgesetzt, der Holzlieferant sorgt dafür, daß seine Holzlager vor allem dort, wo die stärkereichen Tropenhölzer lagern, regelmäßig kontrolliert werden, daß befallenes Holz rigoros entfernt und nicht leichtfertig verarbeitet wird[18], hat der Lyctus keine nennenswerte Chance. Wird er dennoch eingeschleppt, kann der Holzlieferant gerichtlich für sämtliche Folgeschäden haftbar gemacht werden. Dachstühle, Holz in ungeheizten Räumen sowie Kellern, Scheunen, Schuppen etc. und anderes Außenbauholz werden, wie bereits im Kapitel 2.2 beschrieben (s. S. 29-31), gemieden, zumal dort weder Lebensbedingungen noch geeignete Holzarten vorkommen. Ein *Neubefall* von Innenausbauholz in bislang unbefallenen Häusern wie Möbel, Türrahmen, Leisten, Abdeckungen, Treppengeländer, Sperrholz etc. – ist unwahrscheinlich.

Anobien

Die in der Praxis der Holzauswahl für den Innenausbau gegebenen Möglichkeiten können einem Befall durch Anobien nicht hinreichend vorbeugen. Doch dort, wo er sich, wie oben beschrieben, aufgrund der Temperaturverhältnisse am günstigsten entwickeln könnte, lassen dies die Holzfeuchtebedingungen nicht zu. In Innenraumklimaten von durchschnittlich 60 % Luftfeuchtigkeit (das entspricht bei 20 °C einer Holzfeuchte von rund 11 %) ist kaum eine Möglichkeit mehr für die Entwicklung von Anobienlarven vorhanden. Auch im Freien verbautes und dem Regen ausgesetztes Holz ist kaum gefährdet. Bei dennoch vorhandenem Befall in Kellern, feuchten Erdgeschossen oder feuchten Dächern sowie in Kirchen und Museen mit mäßiger Temperatur und meist höherer Luftfeuchtigkeit genügt das Trockenlegen des Holzes; auch reicht wegen der langsamen Zunahme der Population die Erniedrigung der Populationsdichte (vgl. Bekämpfungsmaßnahmen, S. 88-92). Transportable Holzgegenstände aus diesen feuchteren Räumlichkeiten sollten regelmäßig, vor allem aber bei Ortswechsel, gut auf Anobienbefall untersucht und ggf. längere Zeit trocken und luftig gelagert werden.

Hausbock

Aufgrund der praktischen Situation auf dem Schnittholzmarkt für tragende Holzbauteile (= Nadelholz mit rel. viel Splintanteil) ist der Hausbock das einzige Insekt, welches ernsthaft zu beachten ist. In ungünstigen Fällen kann er vor allem im Dachstuhlbereich erheblichen Schaden anrichten. Erst älteres Holz verliert für den Hausbock seine Attraktivität.

Bedeutung des zu schützenden Holzbauteils

Die Beurteilung der tatsächlichen Gefahr durch Holzschädlinge sollte immer auch die Bedeutung des zu schützenden Bauteils, die Folgen des vorzeitigen Ausfalls durch Holzzerstörung, die Möglichkeit von nachträglichen Reparaturmaßnahmen und den Vergleich der natürlichen Dauerhaftigkeit eines Holzbauteils mit der voraussichtlichen Gebrauchsdauer beinhalten. So kann z.B. der durch einen umstürzenden hölzernen Leitungsmast verursachte Stromausfall weitreichende Folgen haben, währen die verfaulte Zaunlatte allenfalls ärgerlich ist.[19] Auch läßt sich feststellen, daß bei manchen Wasserbauhölzern mit höchster Beanspruchung des Holzes (= permanent hohe Holzfeuchte, Gefahr von Meerwasserschädlingen) wie z.B. Hafendalben mechanische Belastungen (Eisgang, Havarie, Reibung an Schiffsrümpfen etc.) einen größeren Anteil an der Zerstörung haben als biologische Einflüsse.

Insgesamt gesehen ist Holz also ein überdurchschnittlich dauerhafter Bau- und Werkstoff; auch Schäden durch Insekten wurden jahrzehntelang überdramatisiert. Unter Beachtung der in diesem Buch vorgestellten Methoden ist die Gefahr eines Bauschadens durch Organismen vernachlässigbar gering.

2.5 Beanspruchung von Holz in der Praxis: Definition und Einteilung in Gefährdungsklassen

Daß Holz nicht grundsätzlich durch Organismen gefährdet ist, muß nach der Lektüre der voraufgegangenen Abschnitte als bekannt vorausgesetzt werden. Zudem gehört es zur allgemeinen Lebensweisheit, daß es Hölzer gibt, die ohne chemischen Schutz lange Zeit überdauern können. Andererseits ist bekannt, daß Holz aber auch relativ rasch zerstört werden kann; natürlich wissen wir nun, daß dazu die für Schädlinge günstigen Umgebungsbedingungen vorliegen müssen.

Diese Umgebungsbedingungen werden ausschließlich durch die Art und Intensität der Beanspruchung eines Holzbauteils bestimmt. Hohe und intensive Beanspruchung z.B. durch Witterung und Feuchtigkeit sorgen für günstige Lebensbedingungen von Schädlingen. Geringe Beanspruchung hingegen führt zu einer schädlingswidrigen Umgebung. Die Beanspruchung variiert mit der Art der Anwendung und der Einsatzbereiche von Holz.

Tab. 4: Vereinfachte Übersicht der Beanspruchungsgruppen von Holz

Einsatzbereich	Beispiele	Holzfeuchte (%)	Gefährdungsklasse
Holz außen			
Erd-oder Wasserkontakt			
ständig	Unterer Teil von Zaunpfählen und Masten, Palisaden, Schwellenhölzer, Uferbefestigungen, Bootsstege, Gartenbauholz, Gartendecks; Hölzer größeren Querschnittes mit erheblichen Schmutzablagerungen in Rissen und Fugen (z.B. bei Holzbrücken)	> 20	4
eher selten	Nur gelegentlich auf der Erde liegendes Holz wie Bauholz, Gartenmöbel etc. ohne statische Funktion	i.d.R. < 20	meist 0/W; aber weitere Einstufung notwendig
Starke Witterungsbeanspruchung			
Holzdicken > ca. 50 mm bzw. schlecht konstruierte Holzelemente	Brettschichtholz, horizontale Teile von Brücken und Balkonen, Rundholz, Halbstämme, Fachwerk (v.a. Schwellenhölzer)	18 ± 4	3
Holzdicken < ca. 50 mm bzw. völlig luftumspült	Hinterlüftete Fassaden, Pergolen, Kinderspielgeräte, Zäune, Lärmschutzwände, Flechtzäune, Fenster und Fensterläden, Außentüren	16 ± 7	0/W
Leichte Witterungsbeanspruchung	Holz im Freien unter Dach, allg. geschützte Lage: Dachuntersichten, Fassaden und Fenster unter großem Dachüberstand etc., gegen Schlagregen abgedeckte Holzträger, Holz in offenen Hallen, Scheunen etc.	12 - 18	0/iW
Holz innen			
Spritzwasser- und feuchtebeansprucht	Tragende Holzelemente größeren Querschnitts in der Umgebung von Duschwannen, Spülen etc. mit mangelnder Belüftung oder Abdeckung; unzugängliche, verdeckte Konstruktionen	~ 20	3
	Dito, mit sorgfältiger, dauerhafter wasserabweisender Abdeckung; nichttragende Hölzer rel. geringer Dicke, Möbel, hinterlüftete Schalung etc.	8 - 15	0 (ggf. 1od. 2)
Hohe Raumluftfeuchte > 80 %, Tauwasser	Konstruktionsholz in Molkereien, Brauereien, Schlachthöfen, Ställen etc., unzugängliche, verdeckte Konstruktionen; bauphysik. falsch konstruierte Außenbauteile	> 20	2
	Nichttragende Hölzer geringer Dicke, Möbel, belüftete Bauteile		0
Trockener Innenbau kein Wohnraumklima	Tragende Hölzer in Kellern, Dachböden, Abstellräumen etc.	8 - 15	1
	Tragende Hölzer in Außenbauteilen		2
	Nichttragendes Holz in Kellern, Dachböden, Abstellräumen, Außenbauteilen etc.		0
Wohnraumklima	Offen und kontrollierbares oder insektenabweisend abgedecktes, tragendes Konstruktionsholz sowie nichttragendes Holz, Möbel, Holzverkleidungen, Bretterschalungen, Fußböden etc.	8 - 10	0
	Nicht kontrollierbares oder insektenabweisend abgedecktes, tragendes Konstruktionsholz in Innenbauteilen		1
	Dito, in Außenbauteilen		2

Abb. 13: Gleichmäßig vergraute Holzfassade einer alten Scheune. Trotz intensiver Wetterbeanspruchung kein Holzschaden.

In Anbetracht aller möglichen und auch tatsächlich gebauten Holzkonstruktionen läßt sich die Beanspruchung von Holz in nachfolgende Kategorien einstufen (vgl. auch Tab. 4). In diesen verschiedenen Gruppen herrschen unterschiedliche Beanspruchung des Holzes und ein unterschiedliches Gefahrenpotential durch Organismen. Sie werden daher auch Gefährdungsklassen genannt.

Holz außen
Dauerfeuchte Holzbauteile in ständigem Erd- oder Süßwasserkontakt

Diese Beanspruchung ist gekennzeichnet durch eine permanent hohe Holzfeuchte über 20 %. Sie tritt auf bei Holz, welches sich in ständigem Erd- und/oder Wasserkontakt befindet. Das Holz kann nicht abtrocknen, weil ein kontinuierlicher Feuchtenachschub vorhanden ist. Der ständige Wasserkontakt führt auch zu einer erheblichen Auswaschbeanspruchung.

Das betrifft sowohl untere Bereiche von Masten, Schwellen, Pfählen, Palisaden und Pfosten, die direkt ins Erdreich eingelassen worden sind, als auch Uferbefestigungen an Flußläufen und Seen, Unterkonstruktionen von Bootsstegen und -häusern und z.B. Holz im Hafenverbau wie Rammpfähle und Dalben. Auch auf der Erde aufliegendes Holz fällt unter diese Beanspruchungsgruppe, sofern der unmittelbare Erdkontakt kontinuierlich oder aber mindestens über mehrere Monate stattfindet (z.B. bei hölzernen Gartenmöbeln, Gartendecks und bei Holz in Halb- oder Kriechkellern). Gleiches gilt für Holz in nicht belüfteten Fundamenten. Treten bei bewitterten, normalerweise aber luftumspülten Außenbauteilen, die eigentlich immer wieder abtrocknen können, erhebliche Schmutzablagerungen in Rissen, Spalten, Fugen etc. auf, muß ebenfalls ein permanenter Feuchtenachschub aus den – i.d.R. feuchten – Schmutz- und Erdablagerungen angenommen werden (Beispiel: Schmutzablagerungen bei einer Holzbrücke zwischen dem Bohlenbelag).

Vor allem bei Holz im Garten- und Landschaftsbau, auf Kinderspielplätzen, im Gewässerbau, als Hafenanlage oder auch als Boots- und Yachtschuppen sowie teilweise beim Brücken- und Turmbau kommt diese Art der Beanspruchung vor. Auch Holz in Kühltürmen z.B. von Kraftwerken und in Bergwerken (Stützen und Verstrebungen) unterliegt i.d.R. dieser Beanspruchung.

Zu dieser Art der Beanspruchung zählen jedoch nicht die vollständig unter Wasser verbauten Hölzer wie z.B. Rammpfähle unter Grundwasserspiegel. Diese unterliegen wegen ihrer extrem hohen Holzfeuchten von weit über 100 % keiner Gefahr mehr durch holzzerstörende Organismen (welche bei derart hohen Holzfeuchten nicht leben können).

Gefährdungsklasse 4

Es handelt sich um die höchste Beanspruchungsgruppe für Holz, die folglich als *Gefährdungsklasse 4* bezeichnet wird (in Anlehnung an DIN 68 800 Teil 3). Die Lebensbedingungen für Fäulnispilze sind ebenso gegeben wie die für Moderfäule. Auch besteht grundsätzlich ein Insektenrisiko (aufgrund der typischen Überlebensbedingungen von Anobien und Lyctus findet aber eher nur der Hausbock hier einen Lebensraum), das abhängig von örtlichen Gegebenheiten (befallsfreie Gebiete) jedoch nicht sehr hoch ist. Im Meerwasser ist überdies noch eine besondere Gefahr durch Bohrmuscheln und ähnliche Meerwasserschädlinge gegeben.

Starke Witterungsbelastung ohne permanenten Erd- oder Wasserkontakt

Hier besteht eine starke Witterungsbelastung, bei der Holz ohne Schutz jedem Wetter ausgesetzt ist. Feuchtebeanspruchung durch Regen, Nebel, Tau, Schnee etc. ist vorhanden. Die Holzteile sind zudem nicht wasserabweisend abgedeckt, so daß ›das Wetter‹ jederzeit Zugang zum Holz hat. Die Feuchteexposition kann daher als häufig bezeichnet werden, wobei die Holzfeuchte Werte weit oberhalb von 20 % erreichen kann (meist 16 ± 7 %). Doch kann

Abb. 14: Holzfeuchteverlauf in Fassadenbrettern mit verschieden diffusionsoffenen Anstrichsystemen, Exposition nach Südwesten (Quelle: Sell 1975)

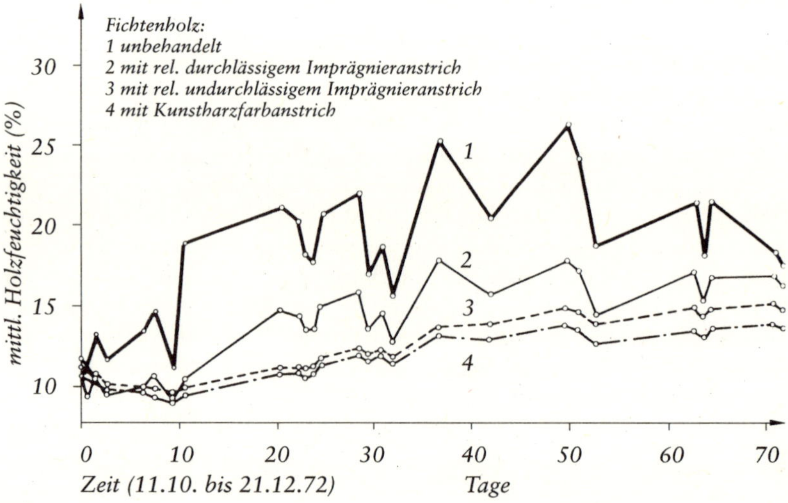

das Holz immer wieder abtrocknen, weil der Feuchtenachschub nicht permanent währt. Wir haben es also mit einem wechselfeuchten Milieu zu tun. Grundsätzlich ist eine Auswaschbeanspruchung gegeben.

Der entsprechende Anwendungsbereich umfaßt Holz für Pergolen, Kinderspielgeräte, Holzbrücken, Garten- und Landschaftsbau, Lärmschutzwände, Gartenmöbel, Gartendecks, Zäune bzw. Zaunlatten etc. – jeweils ohne Erdkontakt – sowie ungeschützte Fassadenschalungen (vor allem auf der Wetterseite), Balkone, Fensterläden etc.

Relativ geringe Holzquerschnitte unter etwa 4 – 5 cm Durchmesser trocknen nach Befeuchtung infolge Luftzufuhr rel. rasch wieder aus. Vor allem auch Fassadenbretter mit üblichen Brettdicken im Bereich 2,5 – 3,0 cm können bei Hinterlüftung immer wieder austrocknen (vgl. Abb. 14). Lebensbedingungen der holzzerstörenden Insekten[20] und Pilze sind i.a. nicht gegeben; die Gefahr eines entsprechenden Bauschadens besteht nicht. Viele wissen sicherlich, daß luftig und trocken verbautes Holz (z.B. Feldscheunen) über Jahrhunderte hinweg dauerhaft sein kann. Hier ist nur eine Beanspruchung durch Verwitterung und oberflächlich lebende, verfärbende Organismen gegeben (evtl. Bläuepilze). Dies ist die *Gefährdungsklasse 0/W*[21].

Gefährdungsklasse 0/W

Die *Gefährdungsklasse 0/W* gilt i.d.R. auch für wasserabweisend bzw. wasserabführend konstruierte Holzteile mit größeren Querschnitten bzw. für vollkommen von Luft umspülte Bauteile wie Pergolen, Pfosten, Masten, Kinderspielgeräte etc. ohne Erdkontakt und mit vergleichsweise kleinen(< ca. 50 cm^2) Kontaktflächen Holz auf Holz. Bei nichttragenden Holzbauteilen ohne statische Funktion muß diese Grenze nicht sklavisch streng gesehen werden. Auch Überschreitungen rechtfertigen noch keine vorbeugenden Holzschutzmittel, zumal die Fäulnisgefahr tatsächlich sehr gering ist und die Einzelbauteile im Schadensfalle rasch und einfach ausgewechselt werden können (das ist meist auch preiswerter als eine vorbeugende Holzschutzbehandlung).

Bei horizontalen Holzbauteilen mit größeren Querschnitten hingegen (z.B. tragende Teile von ungeschützten Holzbrücken oder Balkonen, Brettschichtholz, hölzerne Gartenmöbel und Parkbänke z.B. aus halbierten Baumstämmen oder aus Rundholz, Schwellenbalken) bzw. auch bei mittleren Querschnitten mit mangelhafter Luftumspülung und Kontrollierbarkeit (z.B. Fenster und Fenstertüren ohne baulichen Schutz, Fachwerk, Fassade ohne Hinterlüftung) geht die Austrocknung witterungsbedingter Auffeuchtung erheblich langsamer vonstatten. Hier besteht das Problem, daß das Holzfeuchteniveau im Inneren des Holzquerschnitts auch dann noch rel. hoch sein kann, wenn das Holzbauteil, im Außenbereich immer wieder abtrocknend, erneut beregnet wird (vgl. Abb. 18). Je länger das Holz, auch in Teilbereichen, über 20 % feucht ist, desto wahrscheinlicher werden die Lebensbedingungen holzzerstörender Pilze und schließlich auch der Insekten erreicht. Das Milieu ist zwar auch für Insekten – wie in der Gefährdungsklasse 4 – grundsätzlich günstig,

Gefährdungsklasse 3

Abb. 15: Gut konstruierte Holzfassaden mit Hinterlüftung können in die Gefährdungsklasse 0/W eingestuft werden.

Abb. 16: Gefährdungsklasse 0/W beim Zaun infolge geringer Holzquerschnitte und permanenter Umlüftung

doch aufgrund der von Insekten bevorzugten Temperaturbedingungen ist die Gefahr eines Bauschadens vergleichsweise gering. Dieses Ausmaß an Beanspruchung wird als *Gefährdungsklasse 3* eingestuft.

Leichte Witterungsbelastung

In diesem Anwendungsbereich von Holz – natürlich ohne permanenten Erd- bzw. Wasserkontakt – hat die Witterung eher selten Möglichkeit, die Holzoberfläche zu beanspruchen. Es liegt eine geschützte Lage mit gutem konstruktiven Holzschutz vor. Dies trifft vor allem auf Holz im Freien unter Dach mit nur gelegentlicher Feuchteexposition zu, wo allenfalls Schlagregen und intensive Winde nennenswerte Feuchtigkeitsmengen an das Holzbauteil treiben

Abb. 17: Knotenpunkte der Holzbalken und der horizontale untere Riegel sind wegen der rel. großen Querschnitte, der horizontalen Oberfläche und der rel. großen wasserhaltenden Kontaktflächen Holz auf Holz Blättling-gefährdet (Gefährdungsklasse 3)

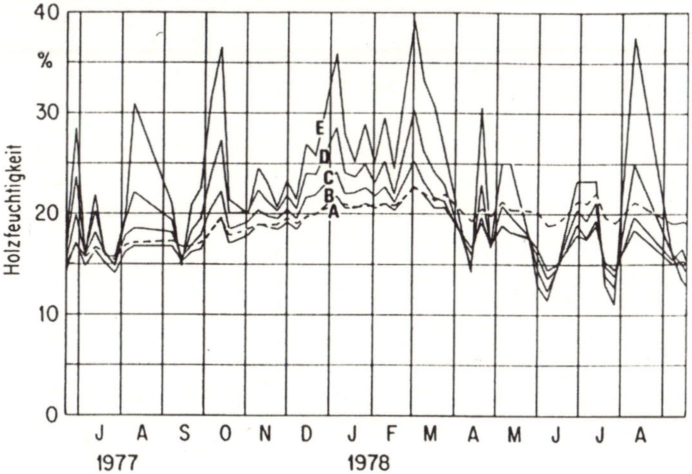

Abb. 18: Zeitverlauf der über das Gesamtvolumen gemittelten Holzfeuchte in direkt bewittertem Brettschichtholz am Beispiel von 5 Holzabschnitten A - E (Quelle: Meierhofer, Sell 1979)

können. Sonst besteht nur bei frühmorgendlichem Tau oder bei Nebel eine Feuchtebeanspruchung. Unabhängig von der Größe der Querschnitte bewegen sich die Holzfeuchten daher lediglich im Bereich von 12 – 18 %.

Hier sind vor allem Dachuntersichten sowie durch einen Dachüberstand geschützte Fassadenschalungen und Fassadeneinbauten (Fenster, Fenstertüren etc.) bei eingeschossigen Gebäuden zu nennen. Auch Holzbauteile unter Loggien bzw. unter Vordächern (wie z.B. geschützte Eingangstüren von Gebäuden oder überdachte Holzbrücken mit weit auskragendem Dachüberstand und seitlich gegen Schlagregen abgedeckten Tragelementen), Balkonteile unter Dachüberstand, offene überdachte Freisitze, wasserabweisend abgedeckte

Kleinteile sowie Holz in offenen Hallen, Scheunen oder überdachten Carports werden gleichartig beansprucht. Schließlich zählen hierzu alle sonstigen Holzbauteile außen, die keinen ständigen Wasserkontakt und keine starke Witterungsbelastung besitzen.

Gefährdungsklasse 0/iW

Die Lebensbedingungen holzzerstörender Pilze liegen nicht vor. Auch das Milieu für holzverfärbende Organismen wie Bläuepilze ist grundsätzlich nicht gegeben; lediglich in Einzelfällen können sie oberflächlich auftauchen. Die Lebensbedingungen für Insekten sind zwar vorhanden, doch bei weitem nicht optimal, so daß, vom Überleben einzelner Individuen abgesehen, eine reale Bauschadensgefahr durch eine Insektenpopulation nicht besteht. Diese nur leichte bzw. indirekte Witterungsbelastung wird als *Gefährdungsklasse 0/iW*[22] gekennzeichnet.

Holz innen
Beanspruchung durch Spritzwasser oder ähnliche Feuchtigkeit

Auch im Innenbereich kann es eine Wasserbelastung ähnlich einer Freibewitterung geben – allerdings gleicht diese Art der Beanspruchung der nur moderaten Beregnung, da es hier keine Exposition gibt, die der intensiven, mehrstündigen oder gar mehrtägigen Beregnung entspricht. Im allgemeinen tritt die Feuchteexposition nur gelegentlich auf, wobei aber immer auch eine Auswaschbeanspruchung gegeben ist.

Betroffen sind die sog. Naßräume bzw. Naßbereiche, wobei als Ursache der Wasserbelastung vor allem das direkte Schwall- und Spritzwasser bei Duschköpfen, Waschbecken o.ä. in Frage kommt. Hierzu zählen z.B. Holzteile in Badezimmern, Duschen bzw. die unmittelbare Umgebung von Duschwannen, Spülen etc. Dagegen sind Bad, Küche und sogar normal belüftete Hallenbäder[23] allgemein weder Naßräume noch Feuchträume, sondern trockene Räume und mit Ausnahme der direkten Spritzwasserbereiche auch als solche zu bewerten (s. S. 47-48). Ähnlich hohe Feuchtebeanspruchung wird durch Wasserschäden, Rohrbrüche, Leckagen oder auch durch sog. ›Allmählichkeitsschäden‹ (wie z.B. tröpfelnde Leitungen) geschaffen.

Üblicherweise schwankt die Holzfeuchte stark, wobei aber vergleichsweise selten Werte oberhalb von 20 % erreicht werden. Da im Innenbereich die unmittelbare Belüftung durch Wind und permanente Frischluft fehlt, besteht grundsätzlich die Gefahr der längerfristigen Dauer des einmal erreichten Holzfeuchteniveaus. Es muß also sehr sorgfältig abgewogen werden, welche Art der Beanspruchung besteht.

Die Holzfeuchte kann in ungünstigen Fällen, wenn es sich um komplexe Holzbauteile mit großen Querschnitten oder um verdeckt eingebaute Hölzer handelt, die infolge mangelnder Belüftung nicht abtrocknen können, Werte von über 20 % erreichen. Auch eine nicht intakte wasserabweisende Abdeckung führt zu erheblichem Feuchteeintritt in die Konstruktion. Dies ist vor allem fatal, wenn es sich um tragende Bauteile wie z.B. Holzbalkendecken handelt. Sie sind nicht einsehbar, ein Feuchteschaden wird nicht bemerkt und kann sich unerkannt ausbreiten. Hier finden sich sowohl für holzzerstörende

Pilze als auch für Insekten günstige Lebensbedigungen; es liegt daher die *Gefährdungsklasse 3* vor.

Gefährdungsklasse 3

Sorgfältig wasserabweisend abgedeckte Bauteile sind nicht gefährdet. Ebensowenig gefährdet sind Hölzer mit rel. kleinen Querschnitten (wie z.B. Latten), die praktisch dem Raumklima ausgesetzt sind. Auch Möbel sowie Wand- und Deckenbekleidungen neigen nicht zu längerer Auffeuchtung, zumal wenn sie hinterlüftet angebracht sind. Trotz Schwallwasserbeanspruchung liegt die Holzfeuchte im langfristigen Mittel hier deutlich unter 20 %. Es besteht weder ein pilzförderndes Milieu noch – vorausgesetzt, die auf S. 48 oben beschriebenen konstruktiven Bedingungen liegen vor – eine Gefahr von Bauschäden durch Insekten. Hier ist die Gefährdungsklasse 0 gegeben; sonst muß das Holz in die Gefährdungsklasse 1 oder 2 eingestuft werden.

Gefährdungsklasse 0, 1 oder 2

Auch statisch tragende Bauteile sind unter sorgfältiger Abdeckung nicht gefährdet. Aufgrund der Bedeutung für den gesamten Erhalt der Konstruktion und aufgrund der mangelnden Kontrollierbarkeit und schlechten Erkennbarkeit von Leckagen können sie sicherheitshalber in die *Gefährdungsklasse 2* eingestuft werden: Man tut so, als ob pilz- und insektenfördernde Umgebungsbedingungen herrschen würden und hat auf diese Weise einen gewissen Sicherheitspuffer für den Fall plötzlich auftauchender Undichtigkeiten.

Beanspruchung durch hohe Raumluftfeuchte sowie durch Tauwasser

Hohe Raumluftfeuchtigkeiten besitzen im Inneren eines Gebäudes besondere Bedeutung – vor allem, wenn sie nicht durch Lüftung abgeführt werden können. Die Holzfeuchte hängt, sofern kein ›freies‹ Wasser Zugang zum Holz hat, von der Luftfeuchte ab. Sie stellt sich immer auf die in Dampfform verfügbare Feuchtemenge in der Raumluft ein; es ergibt sich nach einigen Stunden (bei größeren Querschnitten kann es auch Tage dauern) die sogenannte Gleichgewichtsfeuchte. Deren Höhe hängt in gewissem Maße von der Umgebungstemperatur ab und unterscheidet sich für jede Holzart geringfügig. Annähernd kann sie bei 20 °C wie folgt angegeben werden:

Abhängigkeit der Holzfeuchte von der Luftfeuchte

Luftfeuchte	Holzgleichgewichtsfeuchte
40 %	7,6 %
50 %	9,2 %
60 %	10,9 %
70 %	13,0 %
80 %	16,0 %
90 %	ca. 20,0 %
100 %	28 – 30 %

Beträgt die durchschnittliche Raumluftfeuchte über einen längeren Zeitraum über 80 % (= Mittelwert über mind. etwa 3 Monate), wird es für das Holz kritisch. Es gerät in die Nähe des von holzzerstörenden Pilzen – und teilweise auch von feuchteliebenden Insekten – bevorzugten Milieus. Da diese Orga-

Abb. 19: Hinterlüftete Holzschalung mit ausreichendem Abstand vom Erdboden in der wettergeschützten Ost-Ecke eines Hauses mit großem Dachüberstand (Gefährdungsklasse 0/iW)

Abb. 20: Gefährdungsklasse 0 aller sichtbar verbauten Hölzer im Wohnbereich

nismen aber nur bei genügend lang anhaltender Feuchte leben können, ist in Räumen mit üblichem Wohnklima und vergleichbaren Räumen keine Gefahr vorhanden. Zu diesen Räumen zählen u.a. Aufenthaltsräume einschließlich Küchen und Bädern in Wohngebäuden, Verwaltungsbauten, Schulen, Kindergärten etc.; sie werden daher im folgenden Abschnitt (s. S. 47-48) behandelt. Auch Hallenbäder zählen aufgrund der hohen Temperaturen und resultierenden niedrigen Luftfeuchtigkeiten üblicherweise nicht zu Feuchträumen mit erhöhter Luftfeuchtigkeit.

Mittlere relative Luftfeuchten oberhalb von rund 80 % sind nur in gewerblich oder industriell genutzten Räumen mit hohem Feuchteanfall zu erwarten (Molkereien, Brauereien, Schlachthöfen etc.). Desgleichen können in ungünstig gelüfteten Stallgebäuden diese hohen Luft- und die resultierenden Holzfeuchtewerte erwartet werden. Hier kann es ggf. Lebensraum für holzzerstörende Pilze und grundsätzlich, wenn die auf S. 48 oben beschriebenen konstruktiven Bedingungen nicht vorliegen, auch für holzzerstörende Insekten geben. Es liegt dann die *Gefährdungsklasse 2* vor.

Gefährdungsklasse 2

Kritisch vor allem bei ungenügender Belüftung ist allerdings weniger die Höhe der rel. Luftfeuchte und der resultierenden Holzfeuchte als vielmehr tropfbares Wasser infolge Tauwasserbildung an wärmeschutztechnisch exponierten Stellen. Vor allem hölzerne Außenbauteile (= Dächer in ausgebauten Dachgeschossen, Flachdächer, Außenwände etc.) bzw. Gebäudeecken oder die Trennelemente zu unbeheizten Räumen (z.B. Decke unter nicht ausgebautem Dachgeschoß, Fußboden bei nicht unterkellerten Gebäuden) von Bädern, Duschen, Küchen oder auch Hallenbädern müssen hier beachtet werden. Ganz besonders gefährdet sind nicht belüftete Keller (Tragkonstruktionen, Decken, Böden).

Tauwasser
ist besonders kritisch

Mangelhafte Wärmedämmung, falsch angebrachte Dampfbremsen oder auch fehlerhafte Luftdichtungen mit Eintritt feuchtwarmer Innenraumluft in kalte Bereiche der Außenwand- oder Deckenkonstruktion führen zu erheblichem Tauwasseranfall.[24] Er ist mangels ausreichender Belüftung nicht kontrollierbar. Erhebliche Durchfeuchtungen sind möglich, in deren Folge ein pilz- und insektenförderndes Milieu entsteht. Wiederum liegt die *Gefährdungsklasse 2* vor.

Gefährdungsklasse 2

In *trockenen Innenräumen mit üblichem Wohnraumklima* oder vergleichbarem Klima ist keine Feuchtebeanspruchung des Holzes gegeben. Hierzu gehören u.a. Aufenthaltsräume einschließlich Küchen und Flure in Wohngebäuden, Verwaltungsbauten, Schulen, Kindergärten etc. Private Bäder, egal, ob in einem Holzhaus oder in einem konventionell errichteten Massivhaus, können heute bei üblicher Nutzung (Heizen, Lüften) nicht mehr als Feuchträume angesehen werden; sie zählen ebenfalls zum trockenen Wohnraumklima. Auch üblich genutzte Schwimmbäder sind heute keine Naßräume mehr.[25] Hier führen die hohen Lufttemperaturen zu relativ niedrigen Luft- und Holzfeuchtigkeiten.

Keine Feuchtebeanspruchung,
trockener Innenbau

Innenräume mit
üblichem Wohnklima

Holz in diesen trockenen und im Winter i.d.R. beheizten Innenräumen mit üblichem Wohnklima weist eine Feuchte von durchschnittlich 8 – 10 % auf. Dies gilt für Holzbauteile, die sich im Raum befinden wie z.B. offene Pfosten, Ständer, Fachwerkbalken oder Möbel, Wand- und Deckenverkleidungen etc. Auch Innenwände, also Trennwände zw. Räumen mit üblichem Wohnklima, zählen dazu sowie Holzbauteile von Außenwänden, die nicht innerhalb der Wandkonstruktion liegen, sondern praktisch dem Raumklima ausgesetzt sind. Tragende Holzbalken in Außenwänden sollten dreiseitig dem Raumklima ausgesetzt sein; bei oberseitiger Bretterschalung von Decken oder Dächern reicht es, wenn die Unterseite der Schalung dem Raumklima zugewandt ist.

Die Lebensbedingungen holzzerstörender Pilze sind bei weitem nicht vorhanden. Sofern die Hölzer kontrollierbar bleiben oder – bei nicht einsehbaren tragenden Holzbalken innerhalb hölzerner Innenwände – allseitig mit einer geschlossenen Bekleidung abgedeckt sind[26], ist die Gefahr eines Bauschadens durch Insekten auch bei tragenden Holzbauteilen außerordentlich gering. In trockenen Innenräumen mit üblichem Wohnklima liegt daher grundsätzlich die *Gefährdungsklasse 0* vor (vgl. Abb. 20, S. 46). Bei fehlender Kontrollierbarkeit und Abdeckung muß jedoch für tragende Innenbauteile aus baurechtlichen Gründen die *Gefährdungsklasse 1* und für tragende Bauteile in Außenwänden die *Gefährdungsklasse 2* angenommen werden.

Gefährdungsklassen 0, 1 oder 2

Innenräume ohne übliches Wohnklima

In *Innenräumen ohne übliches Wohnraumklima* und ohne Beheizung hat man es mit etwas höheren Luftfeuchten zu tun. Hierzu zählen Kellerräume, nicht ausgebaute Dachböden, Abstellkammern etc. (Scheunen und ähnliche landwirtschaftliche Gebäude fallen infolge der permanenten Durchlüftung mit Außenluft unter »leichte Witterungsbelastung« – s. S. 42-44). Im Raum stellt sich etwa eine Holzfeuchte von durchschnittlich 8 – 15 % ein. Holzzerstörende Pilze können auch hier nicht gedeihen.

Bei Holzverkleidungen, Möbeln, Pfosten etc. innerhalb des Raumes und anderen einsehbaren Konstruktionshölzern ist das Insektenrisiko infolge Kontrollierbarkeit vertretbar gering. Auch in Innenräumen ohne übliches Wohnklima liegt daher grundsätzlich die *Gefährdungsklasse 0* vor. Tragende Holzbauteile innen, ob einseh- und kontrollierbar oder nicht, müssen hingegen aus baurechtlichen Gründen in die *Gefährdungsklasse 1* eingestuft werden. Bei nicht einsehbar verbauten sonstigen Konstruktionshölzern ist vor allem bei einem hohen Splintanteil das Insektenrisiko nicht mehr kontrollierbar; die Einstufung in die *Gefährdungsklasse 1* erscheint sinnvoll. Tragende Hölzer innerhalb von Außenbauteilen müssen aus baurechtlichen Gründen wiederum der *Gefährdungsklasse 2* zugeordnet werden.

Gefährdungsklasse 0, 1 oder 2

3. Bewährte vorbeugende Holzschutzmaßnahmen in den einzelnen Gefährdungsklassen

3.1 Ist Holzschutz notwendig?

Bevor Maßnahmen eingeleitet werden, um Holz in den einzelnen Einsatzbereichen zu schützen, muß zunächst die Frage beantwortet werden, ob der Holzgegenstand überhaupt schützenswert ist. Die Beurteilung dieser Frage hat vor dem Hintergrund zu erfolgen, ob das Holz statisch wichtige Funktionen erfüllt, ob es im Versagensfall leicht ausgewechselt werden kann, ob die vorgesehene Gebrauchsdauer nicht bereits mit dem ungeschützten Holz erreicht werden kann, ob der Holzgegenstand kulturhistorische oder denkmalpflegerische Bedeutung besitzt etc.

Güterabwägung kommt vor Holzschutz

Oft ist eine Güterabwägung erforderlich, um die Bedeutung von Holzschutzmaßnahmen zu erfassen. Ein wichtiges Entscheidungskriterium ist hierbei die tragende oder nichtttragende Funktion des Holzteils. Extremes Beispiel: Der durch eine einstürzende Holzbrücke verursachte Schaden hat i.d.R. weitreichende Folgen, während eine verfaulte Zaunlatte sicher ärgerlich, nicht aber schwerwiegend ist. Auch die rasche und preiswerte Auswechselbarkeit ist zu berücksichtigen: Die wenige Quadratzentimeter große obere Abdeckung eines Zaunpfahls läßt sich ohne Kosten und Mühen austauschen; es bestehen berechtigte Zweifel am Sinn einer Holzschutzmaßnahme, wie sie streng genommen für derartige Holzbauteile nach Gefährdungsklasse 3 auszuführen wäre.

natürliche Lebensdauern und vorgesehene Gebrauchsdauern

Auch die Abschätzung der voraussichtlichen Gebrauchsdauer eines Holzbauteils ist für die Entscheidungsfindung äußerst wichtig. Sie wird verglichen mit der natürlichen Dauerhaftigkeit des verwendeten Holzes in der jeweiligen Einbausituation. Tabelle 5 führt näherungsweise typische Lebensdauern auf.[1] Unterschreitet die vorgesehene Gebrauchsdauer die natürliche Lebensdauer des Holzbauteils, so ist keine weitere Holzschutzmaßnahme notwendig. Auf diese Weise läßt sich beispielsweise feststellen, daß bei manchen Wasserbauhölzern (= Gefährdungsklasse 4) mechanische Einflüsse wie Eisgang, Havarie, Sturmfluten, Rammen durch Schiffe etc. einen erheblichen Anteil an der Zerstörung haben. Eher selten ist hier eine Holzschutzmaßnahme wirtschaftlich und sinnvoll. Auf sie kann bei vorausschauender Beurteilung der Abnutzung durch mechanische Einflüsse gegenüber biologischer Beanspruchung und natürlicher Lebensdauer in vielen Fällen verzichtet werden.[2] Auch Zaunlatten (= umlüftete Holzteile mit hohen natürlichen Lebensdauern – vergleiche Tab. 5) sind unter diesen Aspekten eher selten zu schützen, da die Zäune wegen des üblichen Veränderungswillens der Nutzer nur selten länger als 20 – 30 Jahre unverändert stehen bleiben.

Fällt allerdings die Entscheidung für weitere vorbeugende Maßnahmen, so ist die Orientierung an den Gefährdungsklassen bzw. der in Kap 2.5 (s. S. 37-48) beschriebenen Einbausituationen dringend angeraten.

resistente Holzarten

Bei der Auswahl der aufgeführten resistenten Holzarten wird als selbstverständlich vorausgesetzt, daß zugunsten der europäischen Holzarten auf die außereuropäischen bzw. tropischen Holzarten verzichtet wird. Zuweilen lassen sich auch einheimische Holzarten nicht bzw. nicht in den für manche Bauteile notwendigen Dimensionen beschaffen (z.B. Robinie). Daher sind grundsätzlich die konstruktiven Maßnahmen zur Reduzierung der Belastungsintensität und zur Überführung einer hohen in die nächstniedrigere Gefährdungsklasse zu bevorzugen.

Tab. 5: Vergleichswerte der mittleren Lebensdauer verschiedener einheimischer Hölzer

Holzart	**Lebensdauer [1] (Jahre)** im Freien unter Dach	im Freien bewittert [2]	dauerfeucht mit Erd- oder Wasserkontakt
Douglasie	120	65	15-20
Fichte	60	55	5-10
Kiefer	100	60	10-15
Lärche	120	65	15-20
Tanne	60	55	5-10
Birke	20	20	ca. 3
Buche	50	30	ca. 3
Eiche	150	100	≥ 20
Erle	20	20	
Esche	50	30	ca. 3
Pappel	20	20	
Robinie	200	150	> 25
Rüster (Ulme)	130	100	ca. 5

[1] Die Zahlenangaben für die Lebensdauern vor allem von Holz im Freien unter Dach und frei bewittert stellen weniger die realen Lebensdauern dar, nach deren Ablauf mit einem Versagen des jeweiligen Holzes zu rechnen ist, sondern sind Angaben, die in der Hauptsache eher Vergleichswert haben (Kollmann 1951, S. 313). Vor allem bei luftig und trocken verbautem Holz sind die Lebensdauern praktisch unbegrenzt, da die Lebensbedingungen für holzzerstörende Pilze nicht vorliegen. Bei den Angaben für dauerfeuchtes Holz gehen zusätzlich neuere Untersuchungen mit ein (Brüninghoff, Luther 1990, S. 3/4). Ohne Angabe: Die Daten liegen nicht vor. Die Dauerhaftigkeit gilt bei Kernholzarten für das Kernholz.

[2] Das Holz ist zwar direkt bewittert, mit Holzfeuchten teilweise oberhalb von 20%, kann aber infolge freier Belüftung immer wieder abtrocknen.

3.2 Holzschutz in der Gefährdungsklasse 4

Einsatz natürlich resistenter Holzarten

Zahlreiche Hölzer besitzen aufgrund ihrer Inhaltsstoffe eine äußerst große natürliche Resistenz gegen Holzschädlinge. Das Kernholz folgender Holzarten ist so sehr dauerhaft, daß es problemlos auch in der Gefährdungsklasse 4 ohne weitere Schutzmaßnahmen verwendet werden kann; dabei sind i.d.R. Lebensdauern von deutlich über 25 Jahren zu erwarten[3]:

- Europäische Holzarten
  - Robinie *Robinia pseudoacacia L.*
- Nichteuropäische bzw. tropische Holzarten
  - Afrormosia *Pericopsis (Afrormosia) elata van Meeuven*
  - Afzelia (bzw. Doussie) *Afzelia bipindensis Harms., Afzelia pachyloba Harms., Afzelia africana Sm.* u.a.
  - Angelique (bzw. Basralocus) *Dicorynia guianensis Amsh., Dicorynia paraensis Benth.*
  - Bilinga *Nauclea diderichii de Wild.*
  - Bongossi (bzw. Azobé) *Lophira alata Banks ex Gärtn.*
  - Dabema *Piptadeniastrum africanum Brenan*
  - Greenheart *Ocotea rodiei Mez.*
  - Iroko (bzw. Kambala) *Chlorophora excelsa Benth. u. Hook., Chlorophora regia A. Chev.*
  - Makore *Tieghemella heckelii Pierre* (bzw. *Mimusops heckelii*)
  - Merbau *Intsia bijuga O. Ktze.*
  - Muhuhu *Brachylaena hutchinsii Hutch.*
  - Palisander, Rio- *Dalbergia nigra Fr. All.*
  - Pockholz *Guaiacum guatemalense Pl., Guaiacum officinale L., Guaiacum sanctum L.*
  - Rosenholz, Bahia- *Dalbergia decipularis Rizz. u. Matt.*
  - Teak *Tectona grandis L.f.*
  - Wenge *Millettia laurentii De Wild., Millettia stuhlmannii Taub.*

Liegen Holzbauteile vor, die streng genommen zwar in die Gefährdungsklasse 4 einzustufen sind, bei denen der Erd- bzw. Wasserkontakt jedoch nicht ganzjährig, sondern nur einige Monate dauert (z.B. bei Gartenmöbeln, Abdeckplatten und anderen zeitweilig auf Erdreich aufliegendem Holz) und nicht vermieden werden kann, ist es vertretbar, auch die für die Gefährdungsklasse 3 geeigneten resistenten Holzarten zu verwenden (s. S. 54-55).

Konstruktiver Holzschutz

Ist es nicht möglich, durch die Wahl der geeigneten resistenten Holzart ausreichenden vorbeugenden Schutz zu erreichen, sind zunächst die Möglichkeiten des konstruktiven Holzschutzes auszuschöpfen. Sie reduzieren die Beanspruchung des Holzes derart, daß es aus der Gefährdungsklasse 4 in die Gefährdungsklasse 3 eingestuft werden kann. Folgende bauliche Prinzipien sind hier unbedingt zu berücksichtigen, um dieses Ziel zu erreichen:

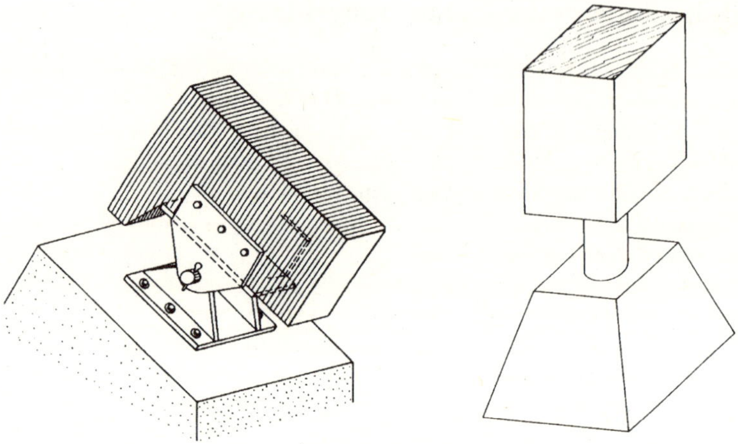

Abb. 21: Links: Fußgelenkausbildung von Bogenbindern aus Brettschichtholz (das obere ›Vorholz‹ schützt die Kontaktfläche Holz/Metall vor eindringenden Regenwasser). Rechts: Prinzipskizze Fußpunkt von Pfosten und Trägern

- Das Holz ist aus der Feuchtigkeit zuführenden Umgebung zu entfernen. Das heißt für Pfosten, Ständer und andere tragende sowie auch für nichttragende Bauteile, daß sie mittels Stahlstützen auf einen Betonsockel gestellt werden müssen. Dieser sollte etwa 30 cm über die Erdoberfläche bzw. die Umgebung emporragen. Auf diese Weise wird auch das Regenrückprallwasser vom unteren Holzbereich ferngehalten. Die Stahlstütze darf nicht als ›Köcher‹ ausgebildet sein, in den das betreffende Holzbauteil hineingesteckt wird. In ihm sammelt sich das Regenwasser wie in einer Wanne; das Holz wäre wieder zu lange unzuträglich feucht.
- Schutz vor aufsteigender Feuchtigkeit bietet eine wasserundurchlässige Bitumenbahn (doppelt gelegt), die zwischen Holz und Erdboden bzw. sonstige feuchtigkeitsführende Schicht gebracht wird.
- Nichttragende Pfähle und Pfosten (z.B. für Zäune oder Pergolen) sollten, sofern ein Aufsockeln nicht möglich ist, im Erdreich komplett mit einer ausreichend dicken Drainageschicht aus Kies bzw. nach außen hin göberem Sand umgeben werden. In ihr kann Wasser rasch abfließen. Achtung; es ist zu vermeiden, daß diese Drainageschicht verschlammt.
- Schmutzablagerung in Rissen und Spalten ist bei Hölzern ab einer Dicke von etwa 4 – 5 cm zu vermeiden.[4] Dies kann durch Abdeckungen (auswechselbares Holzbrettchen) oder regelmäßige Wartung (Auskratzen und Beseitigen des feuchtigkeitshaltenden Schmutzes) erreicht werden.
- In nicht belüfteten Kriechkellern oder Fundamenten muß unbedingt für eine Querlüftung gesorgt werden, um zu hohe Holzfeuchten zu verringern. Kontakt von Holz mit feuchteführenden Baustoffen wie Mauerwerk ist zu unterbinden.

Können diese baulichen Grundsätze verwirklicht werden, ist der weitere Schutz entsprechend der Gefährdungsklasse 3 auszufühen (s. S. 54-60).

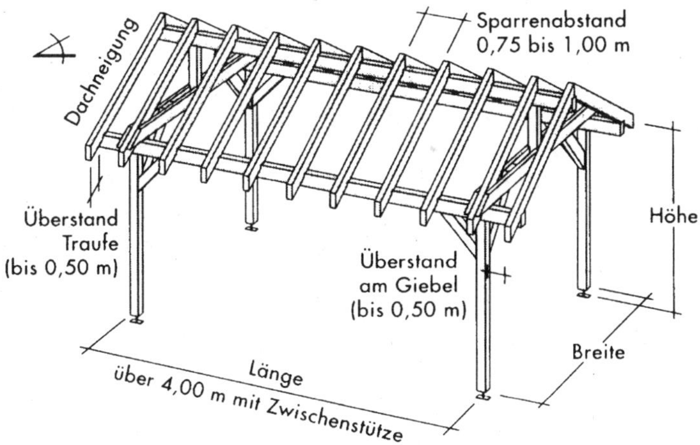

Abb. 22:
Anwendung von Sockeln bzw. Stahlstützen bei Car-Ports (System Hüttemann)

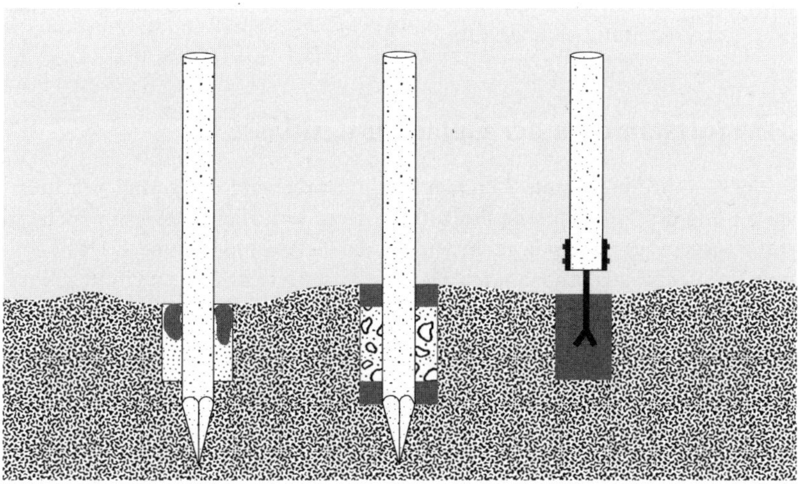

Abb. 23:
Einlassen von Zaunpfosten in Erdreich. Der mittlere Pfosten, mit zwei Betonscheiben stabilisiert, trägt ein schweres Tor.

Anwendung geeigneter Holzschutzmittel

Zum gegenwärtigen Zeitpunkt ist nur ein einziges natürliches Holzschutzmittel bekannt, welches grundsätzlich den Beanspruchungen dieser Gefährdungsklasse zu widerstehen vermag: Holzteer. Stehen keine geeigneten resistenten Holzarten zur Verfügung und läßt sich die Beanspruchung des Holzes nicht durch konstruktive Maßnahmen reduzieren, muß unverdünnter Holzteer in ausreichender Menge ins Holz eingebracht werden. Die Verbrauchsmengen müssen deutlich oberhalb von 100 kg/m^3 Holz liegen; exakte Angaben zu Mindesteinbringmengen lassen sich derzeit nicht machen, da hierzu noch grundlegende Daten zu ermitteln sind.

Aus baurechtlichen Gründen können Holzteerprodukte, da sie keine bauaufsichtliche Zulassung des Deutschen Instituts für Bautechnik besitzen, nur für nichttragende Außenbauteile verwendet werden.

Holzschutzverfahren

Die Verarbeitung von Holzteer unterliegt grundsätzlich der Gefahrstoffverordnung (s. S. 111-112). Aus holzschutztechnischen Gründen sollte bei den hohen Beanspruchungen der Gefährdungsklasse 4 unbedingt ein Kesseldruckverfahren mit Endvakuum gewählt werden, um Einbringmengen und Eindringtiefen und demzufolge die Schutzwirkung zu optimieren. Bevorzugt anzuwenden ist hier die Spartränkung (s. S. 118); dabei sollten der Splint bzw. die durchtränkbaren Bereiche des Holzes vollständig durchtränkt werden.[5]

Das Holz muß trocken (Holzfeuchte ≤ 20 %) bzw. halbtrocken (Holzfeuchte zwischen 20 und 30 %) sein. Hölzern mit größerer Holzfeuchte muß vorher ausreichend Zeit zur Lufttrocknung gegeben werden.

Von den Nichtdruckverfahren eignet sich grundsätzlich noch die Heiß-Kalt-Tränkung (s. S. 117). Hier müssen die Hölzer ebenfalls trocken bzw. halbtrocken sein. Streichen und Spritzen oder Tauchen bringen keine ausreichenden Schutzmittelmengen ins Holz; zudem sind diese Verfahren laut Gefahrstoffverordnung nicht erlaubt.

3.3 Holzschutz in der Gefährdungsklasse 3

Einsatz natürlich resistenter Holzarten

In der Gefährdungsklasse 3 eignen sich entsprechend der geringeren Beanspruchung der Holzbauteile Holzarten, deren natürliche Resistenz nicht so stark ausgeprägt zu sein braucht wie für die Gefährdungsklasse 4. Das Kernholz der nachfolgend genannten Holzarten widersteht ohne weitere Schutzbehandlung dem Angriffsvermögen der Schädlinge, wie es für die GK 3 typisch ist, erfahrungsgemäß weit länger als 25 Jahre[6]:

- Europäische Holzarten
  - Edelkastanie *Castanea sativa Mill.*
  - Eibe *Taxus baccata L., Taxus brevifolia Nutt.*
  - Eiche *Quercus robur L., Quercus petraea Liebl.*
- Nichteuropäische bzw. tropische Holzarten
  - Agba (bzw. Tola branca) *Gossweilerodendron balsamiferum Harms.*
  - Andiroba *Carapa guianensis Aubl., Carapa surinamensis Miq.*
  - Aningre *Aningeria altissima Aubr. u. Pellegr., Gambeya albida D. Don.*
  - Bubinga *Guibourtia demeusii, Guibourtia pellegriniana, Guibourtia tessmannii,* jeweils *J. Léonard*
  - Cedro (bzw. Cedrela) *Cedrela fissilis Vell., Cedrela odorata L.*
  - Douka *Tieghemella (Mimusops) african Pierre*
  - Ebenholz *Diospyros crassiflora Hiern., Diospyros ebenum Koen., Diospyros melanoxylon Roxb.*
  - Frejo *Cordia alliodora Cham., Cordia goeldiana Hub.*

- Kotibe (bzw. Danta) *Nesogordonia papaverifera Capuron*
- Mahagoni, Echtes bzw. Amerikanisches *Swietenia macrophylla King*
- Mahagoni, Kosipo- *Entandrophragma candollei Harms*
- Mahagoni, Sipo- *Entandrophragma utile Sprague*
- Mansonia *Mansonia altissima A. Chev.*
- Meranti, Dark Red *Shorea curtisii Dyer King, Shorea pauciflora King*
- Niangon *Tarrietia utilis Spraque* (bzw. *Heritiera utilis*), *Tarrietia densiflora Aubrev. u. Normand*
- Nußbaum, Amerikanischer *Juglans nigra L.*
- Nußbaum, Europäischer *Juglans regia L.*
- Ovengkol *Guibourtia ehie J. Léonard*
- Palisander, Ostindischer *Dalbergia latifolia Roxb.*
- Redwood *Sequoia sempervirens Endl.*
- Tali *Erythrophleum guineense G. Don.*
- Tchitola *Oxystigma oxyphyllum J. Léonard*
- Western Red-Cedar *Thuja plicata Donn.*
- Zingana (bzw. Zebrano) *Microberlinia bisulcata A. Chev., Microberlinia brazzavillensis A. Chev.*

Zusätzlich eignen sich natürlich die in der Gefährdungsklasse 4 tauglichen Hölzer. An dieser Stelle muß noch einmal deutlich darauf hingewiesen werden, daß es bei minderwertigeren Holzbauteilen, bei rascher und preiswerter Auswechselbarkeit des Holzes und bei Bauteilen, die einem relativ häufigen Veränderungswillen der Nutzer unterliegen, die wertvollen resistenten Holzarten fehl am Platze sind. Hier lassen sich auch einheimische Holzarten einsetzen, die den Anforderungen der Gefährdungsklasse 2 genügen.

Konstruktiver Holzschutz

Vor allem, wenn geeignete resistente Hölzer nicht zur Verfügung stehen, muß das Holz konstruktiv geschützt werden. Doch sollten grundsätzlich bei stark witterungs- und feuchteexponierten Holzbauteilen, schon um die Beschichtung (bei dekorativer Oberflächenbehandlung mit Lacken oder Lasuren) zu schützen und deren Wartungsintervalle zu verlängern, bauliche Holzschutzmaßnahmen mit in die Holzschutzkonzeption einbezogen werden.

Folgende bauliche Methoden reduzieren die Beanspruchung im Außenbereich derart, daß das Holzbauteil von der Gefährdungsklasse 3 in die Gefährdungsklase 0/W bzw. 0/iW überführt werden kann.

- Holzbauteile und Holzkonstruktionen müssen eine möglichst geschützte Lage aufweisen. Dies wird durch ein Dach bzw. durch eine Abdeckung vor direkter Witterungsbeeinträchtigung erreicht. Mit einem kompletten Dach lassen sich z.B. Holzbrücken schützen; gegen seitliche Schlagregenbelastung kann der Holzträger beispielsweise durch eine hinterlüftete (!)

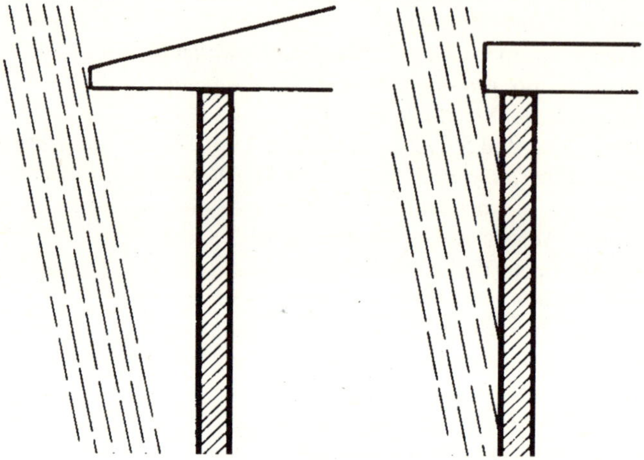

Abb. 24: Dächer schützen Holz. Prinzip der Vermeidung starker Witterungsbeanspruchung einer Holzfassade.

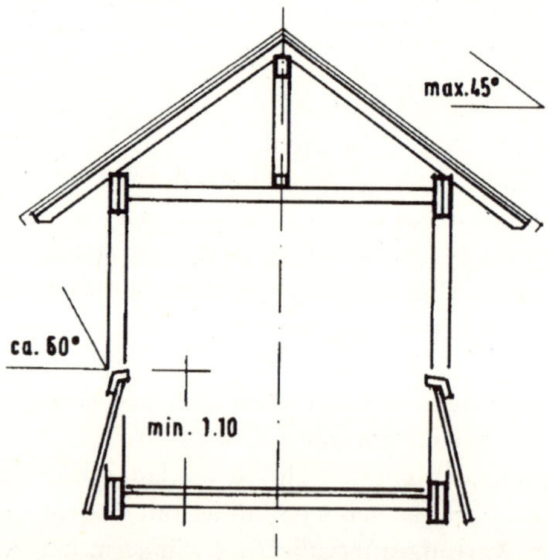

Abb. 25: Querschnitt einer Holzbrücke. Das Dach ist auch hier das wirksamste ›Holzschutzmittel‹, vorausgesetzt, es steht seitlich weit genug über (60° vom Handlauf gemessen). (Quelle: Brüninghoff, Heimeshoff, Sengler 1988)

Holzschalung abgedeckt werden. Ebenso kann die Oberseite von Zaunpfählen durch ein leicht austauschbares, schräg angebrachtes Brettchen geschützt werden. Fassadenschalungen und hölzerne Fassadeneinbauten wie Fenster und Fenstertüren lassen sich durch einen ausreichend dimensionierten Dachvorsprung (ca. 1 m) schützen. Den gleichen Zweck erreicht die regengeschützte Zwischenlagerung von transportablen Holzgegenständen unter Dach

- Vor allem Fenster und Fenstertüren sind zurückgesetzt in eine Laibung anschlagend einzubauen. Der Sturz wirkt in diesem Fall als ›Dach‹ und Schutz vor unzuträglichen Niederschlagsmengen.

Abb. 26: Historische Rheinbrücke Bad Säckingen. Die Sanierung konnte infolge guten konstruktiven Holzschutzes (Dach, hinterlüftete Holzschalung etc.) ohne Holzschutzmittel erfolgen. (Photo: W. Graubner)

- Bei ungeschützten Hölzern mit großem Querschnitt ist die Holzdicke auf ein Maß um etwa 4 – 5 cm zu verringern. Die ggf. beeinträchtigte statische Tragfähigkeit ist durch mehrere dieser rel. dünnen Hölzer (zur Belüftung mit Abstand angebracht) bzw. ggf. mit Fachwerk- oder ›wabenartigen‹ Konstruktionen zu erreichen.
- Ungeschützte Holzbauteile müssen wasserabweisend konstruiert werden. Waagerechte Flächen sind nicht zulässig (stehendes Niederschlagswasser) und daher anzuschrägen (bei Fenstern mit mindestens 15°; zusätzliche Kantenrundung zur besseren Haftung der wasserabweisenden Beschichtung ist unerläßlich).
- Luftiger Einbau des Holzes ist anzustreben. Holzbauteile müssen möglichst allseitig von Luft umspült werden können.
- Fassadenschalungen sind zu diesem Zweck zu hinterlüften. Bei senkrechter Schalung ist eine Konterlattung vorzusehen, um einen vertikalen Luftstrom zu gewährleisten. Der durchgehende Hohlraum hinter der Schalung sollte sicherheitshalber mindestens 20 mm dick sein. Die Luftzufuhr- und Austrittsöffnungen am unteren und oberen Ende der Schalung müssen mindestens 2 ‰ der Wandfläche betragen und gleichmäßig über die Länge verteilt werden.
- Fassadenschalungen und ähnliche Hölzer sollten mit ihrem unteren Ende möglichst rund 30 cm oberhalb von waagerechten Flächen wie Simsen, Konsolen und anderen Rückprallflächen für Regenwasser enden. Hierauf muß besonders bei Häusern mit versetzten Geschossen und damit oftmals versetzten Dachebenen sorgfältig geachtet werden.
- Fassadenschalungen sind zur besseren Wasserableitung bevorzugt vertikal anzubringen. Bei Nut- und Federschalung ist die Nut zur windabgewandten Seite auszurichten. Horizontale Schalungen sind besonders gut auf wasserabweisende und -abtropfende Wirkung hin zu konstruieren. Es müssen Tropfkanten bzw. bei Stülpschalungen Hinterschneidungen an den Unterkanten der Bretter vorgesehen werden. Die Nut von Profilbrettern muß nach unten weisen (vgl. Abb. 40, Seite 74)
- Eng anliegende Kontaktflächen Holz auf Holz sind zur ausreichende

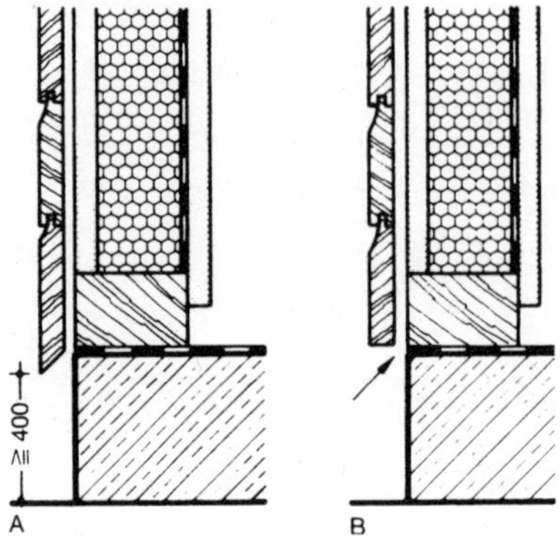

Abb. 27: Horizontale Fassadenschalung. A: Abstand zu Rückprallflächen vermeidet Auffeuchtung. B ist ungeeignet, da Feuchtezutritt möglich.

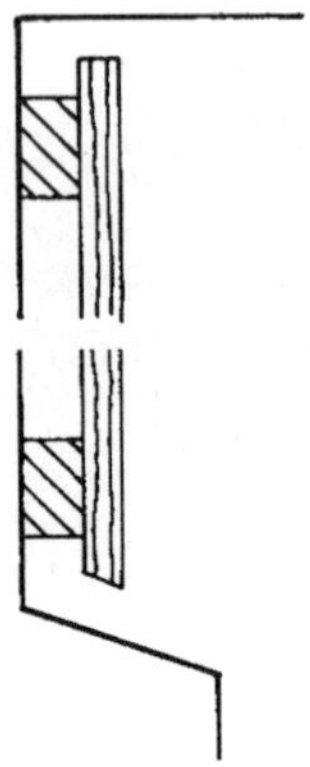

Abb. 28: Angeschrägte Sockelausbildung vermeidet Spritzwasserbelastung des Holzes

Belüftung des Holzbauteils zu minimieren. Solche horizontalen Kontaktflächen von mehr als etwa 25 – 30 mm Breite sind zu vermeiden; sie trocknen oft nicht genügend rasch aus. Entsprechende Holzkonstruktionen sind mit Abstandshaltern zu konstruieren. Stark geneigte bzw. vertikale eng anliegende Kontaktflächen sollten eine Breite von höchstens rund 40 – 45 mm aufweisen; widrigenfalls ist auch hier mit Abstandshaltern zu konstruieren.

- Frei bewitterbares Hirnholz (auch der unmittelbare Stoß Hirnholz auf Hirnholz) ist nicht zulässig. Es ist abzudecken bzw. bei den eigentlich vertikalen Schnittflächen z.B. von Pfetten oder Sparren zu hinterschneiden.
- Direkter Kontakt von Holz mit feuchtigkeitsführenden Stoffen (z.B. Stein, Erdreich, Mauerwerk) ist unbedingt zu unterbinden. Ggf. müssen Bitumenbahnen zwischengelegt werden.

Weitere konstruktive Detaillösungen sind zusätzlich zu berücksichtigen, um die Lebensdauer des Holzbauteils im Außenbereich zu erhöhen:

- Sorgfältige Holzauswahl reduziert feuchtebedingte Holzbewegungen. Stark witterungsbeanspruchte Hölzer (z.B. Ortgangbekleidungen, Fassadenschalungen ohne besonderen konstruktiven Schutz, Oberseite (= Handlauf) von Holzbalkongeländern) sollten, wenn möglich, daher besonders sorgfältig ausgewählt werden. Faserparalleler Einschnitt mit möglichst stehenden Jahresringen ist zu bevorzugen. Ist nur tangential geschnittenes Holz mit liegenden Jahresringen vorhanden, sollte bei waagerechten Hölzern die rechte Seite nach oben gerichtet werden. Bei Quellung wölbt sie sich leicht dachförmig und vermeidet so den ›Badewannen-Effekt‹ (= stehendes Wasser auf der Holzoberfläche).
- Hölzer mit großem Querschnitt und Markröhre sind beim Einbau so zu drehen, daß die Markröhre des Baumes im oberen Querschnittsbereich des

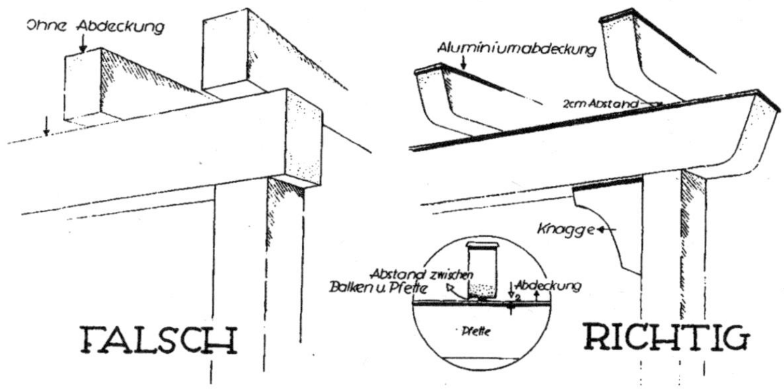

Abb. 29: Hinterschneidung der Hirnenden bei Pergola-Pfetten; Blechabdeckung bei relativ großen, schlecht austrocknenden Holzquerschnitten; Abstand zwischen Balken und Pfette zur Belüftung. (Quelle: Württ. Landesgewerbeamt Stuttgart 1940)

Balkens zum liegen kommt. So sind entstehende Trockenrisse hauptsächlich nach unten gerichtet; so wird über die Risse eindringendes Wasser vermieden bzw. reduziert.

- Gleiches gilt für Schwellenhölzer von Fachwerkbauten. Zudem sind sie besonders gut zu konstruieren und einzubauen. Der darunterliegende Sockelvorsprung ist nach außen anzuschrägen. In Zapfenlöchern bleibt üblicherweise eindringendes Niederschlagswasser in erheblicher Menge stehen; ihre Umgebung ist i.d.R. erheblich zu feucht. Eine Bohrung nach unten bzw. schräg nach außen läßt Wasser ablaufen und verhindert die zu hohe Auffeuchtung.

Unmittelbar feuchtebeanspruchtes Holz im Innenbereich läßt sich durch konstruktiven Holzschutz ebenso sicher schützen. Die Vermeidung der direkten Wasserbelastung durch Abdeckung, sorgfältige Anordnung der Wasserzu- und -abflüsse sowie ihre Kontrolle auf Dichtigkeit, sorgfältig ausgeführte und auf Dichtigkeit kontrollierte Bodenbeläge und Anschlußfugen, die Vermeidung von verdeckten nicht einsehbaren Holzkonstruktionen und ähnliche Maßnahmen reduzieren die Beanspruchung des Holzes. Diese Methoden, die im Prinzip denen für außen ähneln (s.o.), führen dazu, daß das betreffende Holzbauteil von der Gefährdungsklasse 3 heruntergestuft wird und nach den Gefährdungsklassen 2, 1 oder 0 zu bewerten ist. Die genaue Einstufung hängt vom Raumklima und verschiedenen äußeren Bedingungen ab. Sie ist auf den Seiten 45-48 beschrieben.

Anwendung der geeigneten Holzschutzmittel

In dieser Gefährdungsklasse 3 ist infolge der Auswaschbeanspruchung lediglich der Holzteer als geeignetes natürliches Holzschutzmittel einsetzbar – wie schon in der Gefährdungsklasse 4 erwähnt (s. S. 53). Die Verbrauchsmengen sollten auch hier oberhalb von 100 kg/m^3 liegen; für exakte Angaben sind von der Forschung bzw. von den Unternehmen allerdings noch Basisdaten bereitzustellen.

Holzschutzmittel

Der Anwendungsbereich erstreckt sich infolge fehlender bauaufsichtlicher Zulassung ausschließlich auf nichttragendes Holz; wegen des intensiven Geruches und aufgrund der Gefahrstoffverordnung (s. S. 111-112) kann es nur für außen verbautes Holz empfohlen werden. Tragende, aussteifende und innen verbaute Hölzer sollten mittels geeigneter resistenter Holzarten oder konstruktiven Holzschutzes geschützt werden.

Holzschutzverfahren

Für die Verarbeitung sind lt. Gefahrstoffverordnung ausschließlich Imprägnierbetriebe mit geschlossenen Anlagen erlaubt. Es eignen sich die Spartränkung mit Schlußvakuum (s. S. 118) sowie die Heiß-Kalt-Tränkung (s. S. 117). Bedingt anwendbar ist die Trogtränkung; sie muß zur Erreichung der notwendigen Einbringmengen ausreichend lange dauern. Streichen/Spritzen und Tauchen eignen sich nicht. Sie sind nicht erlaubt und bringen zudem keine ausreichenden Schutzmittelmengen ins Holz.

Bei allen Verfahren muß das Holz trocken (Holzfeuchte ≤ 20 %) bzw. halbtrocken (Holzfeuchte zwischen 20 und 30 %) sein. Hölzer mit höherer Holzfeuchte sind ausreichend zu trocknen (z.B. Lufttrocknung).

3.4 Holzschutz in der Gefährdungsklasse 2

Einsatz natürlich resistenter Holzarten

Zusätzlich zum Kernholz der in den Gefährdungsklassen 3 und 4 geeigneten Holzarten lassen sich zahlreiche weitere Holzarten benennen, deren Kernholz resistent genug ist, um der hier vorliegenden relativ moderaten Beanspruchung zu widerstehen. Da es sich lt. Definition der Gefährdungsklassen in Kap. 2.5 (s. S. 45-48) um – möglicherweise tauwasserbelastete – Innenbauteile bzw. Holzelemente in gebäudeabschließenden Wänden, Decken, Dächern etc. handelt, braucht auf erhöhte ›Wetterbeständigkeit‹ kein Wert gelegt zu werden. Das Kernholz folgender Holzarten kann empfohlen werden[7]:

- Europäische Holzarten
  - Birnbaum *Pirus communis L.*
  - Douglasie (bzw. Oregon Pine) *Pseudotsuga menziesii Franco*
  - Kiefer (bzw. Föhre)[8] *Pinus sylverstris L.*
  - Lärche, Europäische und Japanische *Larix decidua Mill., Larix leptolepis Gord.*
  - Zirbelkiefer (bzw. Arve) *Pinus cembra L.*
- Nichteuropäische bzw. tropische Holzarten
  - Dibetou *Lovoa brownii Sprague, Lovoa trichilioides Harms*
  - Eiche, Amerikanische Weiß- *Quercus alba L., Quercus prinus L., Quercus lyrata Walt., Quercus michauxii Nutt.*
  - Framire *Terminalia ivorensis A. Chev.*
  - Keruing (bzw. Yang) *Dipterocarpus alatus Roxb., Dipterocarpus grandiflorus Blanco*

- Lauan, Rotes *Shorea negrosensis Foxw.* u.a. *Shorea*-Arten
- Lauan, Weißes *Parashorea*-Arten, *Pentacme*-Arten und versch. *Shorea*-Arten
- Mahagoni, Khaya- (bzw. Afrik. Mahagoni) *Khaya ivorensis A. Chev., Khaya anthotheca C. DC.*
- Mahagoni, Sapelli- *Entandrophragma cylindricum Sprague*
- Meranti, Light Red *Shorea leprusola Miq., Shorea parvifolia Dyer*
- Movingui *Distemonanthus benthamianus Baill.*
- Mutenye *Guiburtia arnoldiana J. Léonard*
- Pitch Pine (bzw. Southern Pine) *Pinus palustris Mill., Pinus rigida Mill., Pinus taeda L., Pinus caribaea Morelet, Pinus occarpa Schiede, Pinus eliottii Engelm., Pinus echinata Mill.*

Konstruktiver Holzschutz

Auch Feuchtebelastung durch Tauwasser bzw. Kondensat läßt sich konstruktiv vermeiden. Ziel des Tauwasserschutzes ist es, eine Tauwasserbildung an der raumseitigen Oberfläche und innerhalb des Querschnitts (wo sie wegen mangelnder Erkennbarkeit besonders gefährlich ist) von Wänden, Dächern und sonstigen Außenbauteilen zu verhindern. Bei sorgfältiger Einhaltung der bauphysikalisch richtigen Bauweisen läßt sich aus der Gefährdungsklasse 2 die Gefährdungsklasse 1 – und zum Teil sogar die Gefährdungsklasse 0 – ›machen‹.

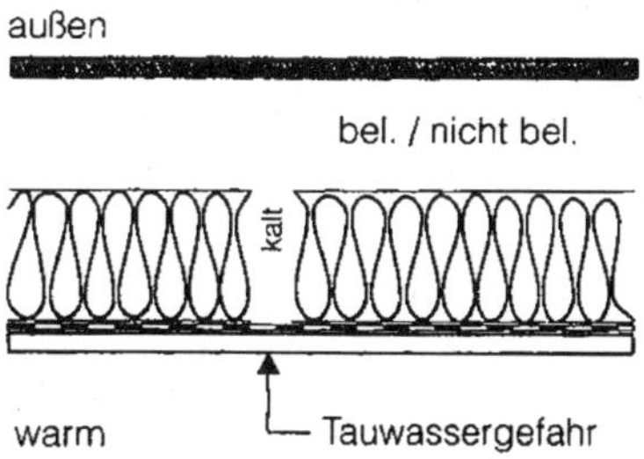

Abb. 30: Tauwassergefahr bei unsachgemäß, nicht dicht anliegend verlegter Dämmschicht (Prinzipskizze). (Quelle: Wirtschaftsministerium Baden-Württemberg 1994)

- Alle hölzernen Außenbauteile müssen einen ausreichenden Wärmeschutz entsprechend der geltenden Wärmeschutzverordnung[9] erhalten. Dies vermeidet zu niedrige Temperaturen an der inneren Bauteiloberfläche.
- Die erforderliche Wärmedämmung muß an jeder Stelle des Bauteils gewährleistet sein. Wärmedämmschichten müssen an allen Anschlußstellen dicht an die benachbarte Dämmschicht oder an Holzrippen anliegen.
- Stoffbedingte Wärmebrücken innerhalb der Bauteile sind zu vermeiden. Geometrische Wärmebrücken (z.B. Außenwandecken) weisen immer eine besonders niedrige Oberflächentemperatur auf. Bei diesen Gefahrenstellen ist Vorsicht geboten. Sie müssen besonders gut gedämmt werden; daher ist bei Gebäudeecken und anderen geometrischen Wärmebrücken der Wärmeschutz ›überzudimensionieren‹. [10]

- Bei Außenbauteilen in Holztafelbauweise mit mittig angeordneter Dämmschicht müssen die Anschlüsse der Dämmschicht an die Holzrippe derart dicht ausgebildet werden, daß Kaltluft aus dem äußeren Hohlraum nicht in den inneren Hohlraum gelangen kann. Hierzu ist die Wärmedämmschicht unbedingt gestaucht einzubringen.
- Unzuträgliche Wasserdampfdiffusion in kältere Bereiche von Bauteilen hinein ist ggf. durch Einbau einer Dampfbremse an der richtigen Stelle im Bauteilquerschnitt oder durch bauphysikalisch richtige Änderung des Wärmeschutzes bzw. der Belüftung des Bauteilquerschnitts zu vermeiden.[11]
- Einfache Dachschalungen über nicht beheizten Räumen (also über dem ›klassischen‹ Dachboden), bestehend z.B. aus 22 mm oder 38 mm starken Spanplatten oder Brettschalungen mit obenliegender Dachhaut sind unter den üblichen klimatischen Voraussetzungen[12] i.d.R unproblematisch und benötigen keinen zusätzlichen Wärme- oder Feuchteschutz.
- Wasserdampfkonvektion durch wasserdampfenthaltende warme Raumluft über Undichtigkeiten kann nur durch luftdichte Ausführung der raumseitigen Bauteilschichten verhindert werden. Vor allem Anschlüsse und Durchdringungen von Versorgungsleitungen etc. müssen äußerst sorgfältig ausgeführt und unbedingt luftdicht abgeschlossen werden (vergleiche Abb. 31). Einfache Profilbrettschalungen beispielsweise sind von Haus aus

Abb. 31: Wasserdampfkonvektion durch Fugen (oben) und ihre Vermeidung (unten) bei Außenbauteilen in Holzbauweise: luftdichte Stöße an Wand/Decken-Anschlüssen (unten links) und luftdichte Ausbildung von Durchdringungen (unten rechts). (Quelle: Schulze 1991)

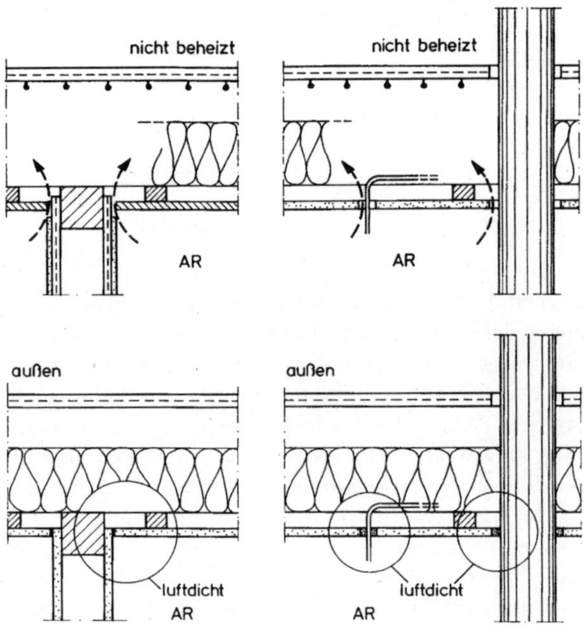

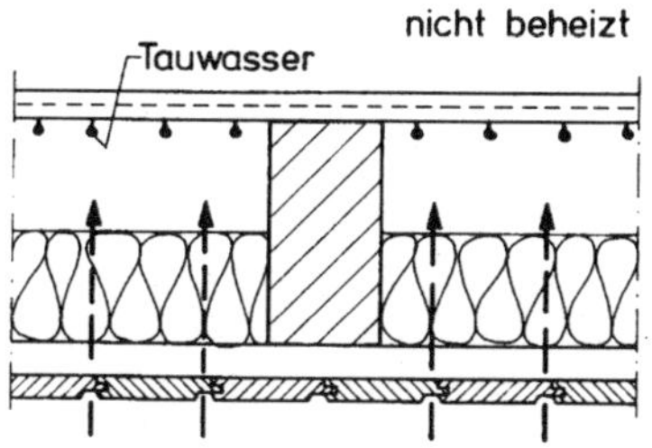

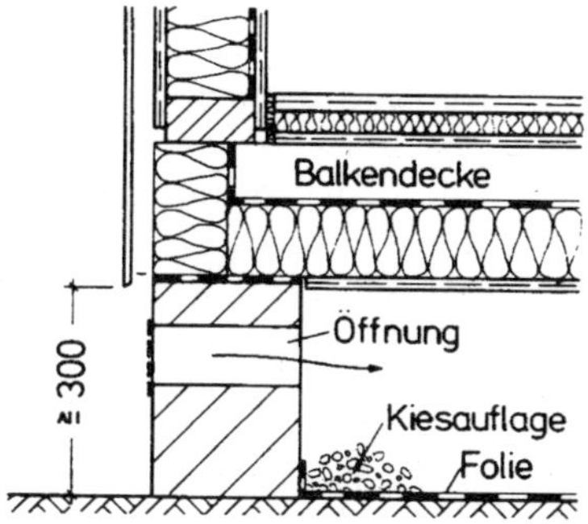

Abb. 32 (links): Wasserdampfkonvektion durch Profilbrettschalung ohne Dampfbremse mit Tauwasserbildung an kälteren Schichten des Holzbauteils. (Quelle: Schulze 1991)

Abb. 33 (rechts): Holzbalkendecke über belüftetem Kriechkeller (Prinzipskizze). (Quelle: Schulze 1991)

nicht luftdicht (Abb. 32) und benötigen eine zusätzliche luftdichte Schicht. Gipskarton-Bauplatten bzw. Gipsfaserplatten (jeweils mit gespachtelten Fugen) bzw. großformatige Spanplatten mit umlaufender Spundung hingegen können als luftdicht angesehen werden.

- Holzbalkendecken über Kriechkellern sind besonders gefährdet. Hier sollten immer zwei bauliche Maßnahmen gemeinsam durchgeführt werden (Abb. 33): a) Belüftung des Kellerraums über Öffnungen in den umlaufenden Sockeln. Sie sollten so groß wie konstruktiv möglich gewählt werden und deutlich mehr als 1/500 der zu belüftenden Grundfläche betragen (jeweils für Zu- und Abluft gerechnet). b) Anordnung einer vollflächigen Dampfsperre auf dem Erdboden, um die Feuchteabgabe (Verdunstung aus dem Erdreich) in den Kriechkeller zu unterbinden. Bewährt haben sich hierfür großflächige, lichtbeständige Folien, die an den umlaufenden Rändern und an den Stößen mit einer Kiesauflage beschwert werden, um den Dampfdurchtritt auch an diesen Stellen zu verhindern.[13] Unabhängig davon sollte wegen der statischen Bedeutung der Holzbalkendecke eine zusätzliche Schutzbehandlung mit für die Gefährdungsklasse 2 geeigneten Mitteln ausgeführt werden.

Es sind vor allem bauphysikalische Fragen zum Wärme- und Feuchtedurchgang durch Bauteile, die hier im Vordergrund stehen. Weitere Ausführungen zum Tauwasserschutz sowie zu physikalischen Grundlagen können hier nicht erfolgen. Sie würden den Rahmen dieses Buches bei weitem sprengen und direkt in ein Spezialwerk zur Bauphysik münden. Die korrekte Ausführung des Tauwasserschutzes setzt umfassende bauphysikalische Kenntnisse voraus. Daher sollte im Zweifelsfall immer Fachpersonal zu Rate gezogen werden.

Sofern nutzungsbedingt hohe Raumluftfeuchten über 80 % vorliegen, kann die resultierende Holzfeuchte konstruktiv leider nicht beeinflußt werden. Hier ist nur eine Nutzungsänderung des Raumes/des Gebäudes in der Lage, die Gefährdung des Holzes vor allem durch Pilze zu reduzieren.

Anwendung der geeigneten Holzschutzmittel

Zum insektenvorbeugenden und pilzwidrigen Schutz von Holz ohne Auswaschbeanspruchung eignen sich bevorzugt Borsalze. Sie sind derzeit die einzigen natürlichen Schutzmittel, die in der Gefährdungsklasse 2 zuverlässig angewendet werden können ... und sollten, vorausgesetzt, die Methoden ›resistente Holzarten‹ und ›konstruktiver Holzschutz‹ konnten nicht ausgeschöpft werden.

Holzschutzmittel

Es sind zahlreiche Präparate der Naturfarbenhersteller auf dem Markt, die bauaufsichtlich zugelassen sind und daher auch für tragende und aussteifende Holzbauteile verwendet werden können. Bei letzteren Bauteilen ist diese Zulassung sogar Vorschrift. Daher ist bei der Auswahl der Produkte unbedingt auf das Übereinstimmungszertifikat zu achten (erkennbar an einem großen »Ü« auf dem Etikett).

Borsalze bleiben auch nach Einbringen ins Holz wasserlöslich. Eine Auswaschbeanspruchung muß auch zwischen Verarbeitung und witterungsgeschütztem Einbau unter Dach unterbleiben (vgl. dazu Kap. 3.9, S. 70). Die vielfach geäußerte Meinung, daß sich Borsalze durch Nachbehandlung mit Naturharzöl-Lasuren im Holz fixieren lassen, ist unzutreffend. Eine freie Bewitterung borsalzbehandelten und anschließend lasierten Holzes führt, mit einer gewissen Verzögerung zwar, aber schließlich doch zu den Auswaschverlusten, die die Holzschutzwirkung aufheben. Eine Naturharzöl-Lasur kann Schwankungen des Feuchtegehalts von Holz und damit Salzbewegungen im Holz und Salzverluste nicht aufheben sondern lediglich dämpfen und verzögern.

Die Einbringmengen für die Gefährdungsklasse 2 variieren je nach Hersteller, Lieferform (flüssig, pastös oder fest) und Anwendungsverfahren. Sie sind den technischen Merkblättern bzw. den amtlichen Prüfbescheiden des Deutschen Instituts für Bautechnik für die einzelnen Produkte zu entnehmen. Die salzförmigen, festen Produkte aus Polybor beispielsweise sind bei Streichen, Tauchen, Sprühen (in stationären Anlagen wie Sprühtunnel) und Trogtränkung üblicherweise mit 50 Gramm Salz pro m^2 Holzoberfläche und bei Kesseldrucktränkung i.d.R. mit 1 kg Salz pro m^3 Holz anzuwenden. Anwendungsfertige Flüssigpräparate sind meist mit 200 ml/m^2 bzw. mit 8 – 15 kg/m^3 einzubringen.

Holzschutzverfahren

Die Wahl des Einbringverfahrens ist üblicherweise freigestellt, es sei denn, der Hersteller des Präparates schreibt ein spezielles Verfahren vor. Die ausreichenden Einbringmengen lassen sich also auch durch Streichen, Tauchen oder Spritzen in stationären Anlagen aufbringen, mit Verfahren also, bei denen ein einfaches oder wiederholtes Benetzen der Holzoberfläche ausreichend ist.

Bei den wasserverdünnbaren Borsalzen sollte das Holz bevorzugt über 30 % feucht sein. Trockeneres Holz muß vor und nach der Borsalzverarbeitung durch Streichen oder Spritzen zur Förderung der Salzdiffusion in das Holz hinein gut mit Wasser befeuchtet werden.

3.5 Holzschutz in der Gefährdungsklasse 1

Einsatz natürlich resistenter Holzarten

Hier bietet das Kernholz aller Farbkernholzarten – ohne weitere Einschränkung – ausreichenden Schutz. Es kann sogar ein Splintaneil von rund 10 % toleriert werden. Einheimische Hölzer aus nachhaltiger Forstwirtschaft haben heute große Bedeutung; zudem wird für tragende und aussteifende Bauelemente mit statischer Funktion üblicherweise Nadelholz verwendet. Daher seien nachfolgend die wichtigsten hier tauglichen einheimischen Nadelholzarten erwähnt, ungeachtet eventueller Überschneidungen mit den Hölzern der zuvor genannten Gefährdungsklassen.

- Douglasie (bzw. Oregon Pine) *Pseudotsuga menziesii Franco*
- Kiefer (bzw. Föhre) *Pinus sylverstris L.*
- Lärche, Europäische und Japanische *Larix decidua Mill., Larix leptolepis Gord.*
- Weymouthkiefer *Pinus strobus L.*

Weitere einheimische Nadelhölzer mit Farbkern sind z.B. Eibe, Radiata-Kiefer (Radiata-Pine), Schwarzkiefer und Zirbelkiefer (Arve). Von den einheimischen Laubhölzern können als wichtigste beispielsweise Edelkastanie, Eiche, Esche, Kirschbaum, Europäischer Nußbaum, Platane, Robinie, Rüster (Ulme) etc. genannt werden.

Grundsätzlich ist auch das Kernholz von Fichte und Tanne geeignet (es heißt in der Praxis ›Reifholz‹), da es nicht vom Hausbock bevorzugt wird. Doch läßt sich das Kernholz bzw. Reifholz mit bloßem Auge nicht vom Splintholz unterscheiden. Eine Empfehlung, auch Fichte/Tanne ohne weiteren Schutz zu belassen, ist sehr risikobehaftet, da nicht erkannt werden kann, ob es sich nicht doch um das anfällige Splintholz handelt. Wer die Möglichkeiten der sicheren Unterscheidung und Identifizierung des Kern- bzw. Reifholzes von Fichte und Tanne hat,[14] kann dieses ebenfalls unbehandelt lassen.

Konstruktiver Holzschutz

Hier steht die Vermeidung eines Bauschadens durch Insekten im Vordergrund; d.h., einzelne Insektenlarven können toleriert werden, da sie noch nicht zu einem Bauschaden führen. Die Gefährdungsklasse 0 wird durch folgende konstruktive Maßnahmen erreicht:

- Tragende, ständig trockene Innenbauteile sollten in Räumen mit üblichem Wohnklima gegen Insektenbefall allseitig durch eine geschlossene Bekleidung (z.B. Profilbrettschalung, Rauhspund oder Holzwerkstoffplatten mit Nut und Feder) abgedeckt werden (Abb. 34); auch Gefachhohlräume müssen an ihren Stirnseiten ›luftdicht‹ ausgebildet sein. Bei Decken unter nicht ausgebauten Dachgeschossen, die empfindlich gegen Wasserdampf-Konvektion sind, ist eine sorgfältige Ausbildung der unterseitigen luftdichten Schicht notwendig (Abb. 35).

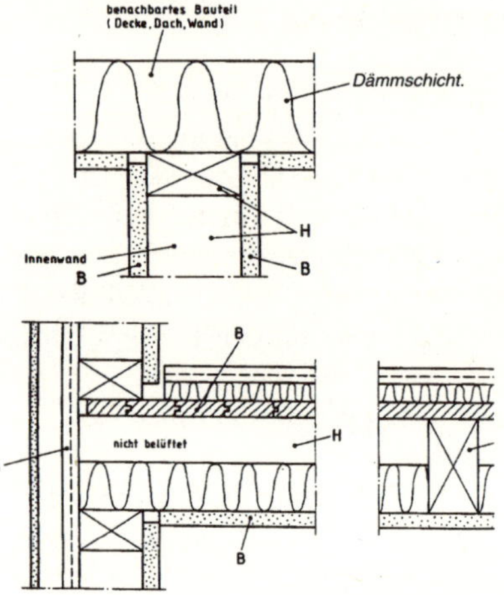

Abb. 34: Geschlossene Bekleidungen (B) von Hölzern (H) in nicht belüfteten Bauteilen. Oben: Stiele und waagerechte Hölzer in Innenwänden. Unten: Holzbalken in Geschoßdecken. (Quelle: DIN, DGfH 1992)

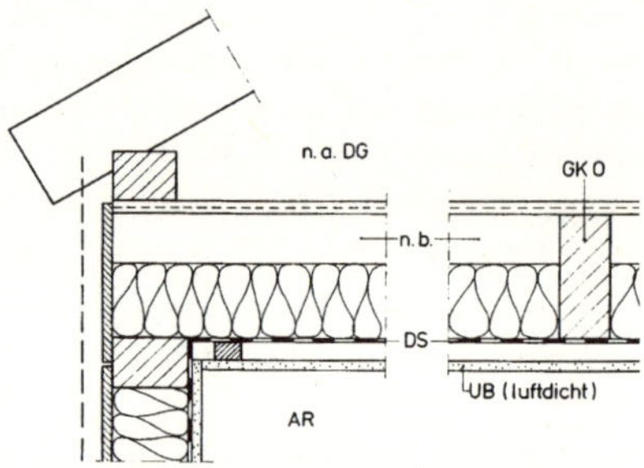

Abb. 35: Gefährdungsklasse 0 bei Deckenbalken über Aufenthaltsräumen unter nicht ausgebautem Dachgeschoß; luftdichte unterseitige Bekleidung UB, Dampfsperre DS. (Quelle: Schulze 1991)

- Dächer sollten als unbelüftete Dächer ausgeführt werden. Sorgfältige Konstruktion setzt voraus, daß die Unterspannbahn im Überlappungsbereich durch spezielle Klebebänder abgedichtet ist, um das Eindringen von Insekten zu verhindern, und daß der Tauwasserschutz auch im Bereich aller Anschlüsse gewährleistet ist (Abb. 36 links). Bei Flachdächern (Abb. 36 rechts) ist vor allem darauf zu achten, daß eine Feuchteeinleitung von außen infolge einer Undichtigkeit in der Dachhaut vermieden wird. Für Dachlatten, Konterlatten und Traufbohlen besteht grundsätzlich keine besondere Gefahr durch holzzerstörende Insekten.
- Ist eine allseitige Abdeckung nicht möglich, sollte Holz zum Raum hin so offen angeordnet sein, daß es zugänglich und auch kontrollierbar bleibt (Abb. 37). Gleiches gilt für Außenbauteile wie Dächer, Decken und Außenwände, bei denen Holz dem Innenklima ausgesetzt ist (Abb. 38).[15]
- Bei einer hölzernen Außenwandkonstruktion ist eine dauerhaft sichere Ausbildung gegenüber eindringenden Niederschlägen einschließlich der Anschlüsse an Fenstern und Türen auszuführen. Zusätzlich sollte der Wandquerschnitt unbelüftet ausgeführt werden; die Außenschalungen dürfen jedoch hinterlüftet sein.

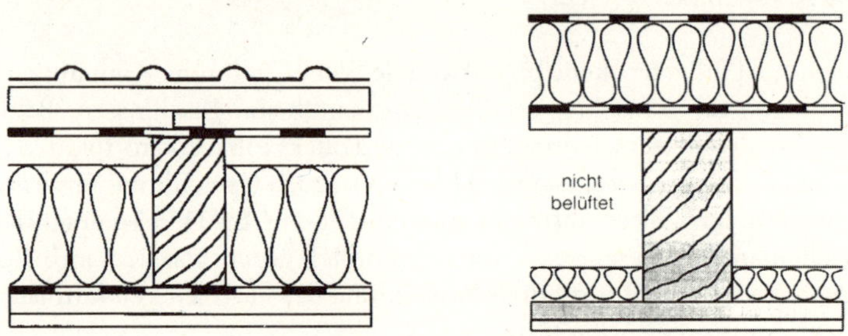

Abb. 36: Unbelüftete Dächer der Gefährdungsklasse 0 mit Zwischensparrendämmung (links) oder Aufsparrendämmung und raumseitiger Beplankung (rechts). (Quelle: Wirtschaftsministerium Baden-Württemberg 1994)

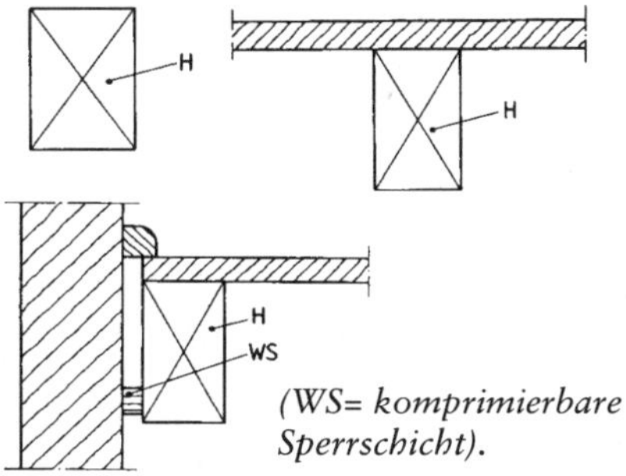

Abb. 37: Gefährdungsklasse 0. Offene Anordnung von Innenbauteilen (zweiseitig offen nur mit Insektensperre zur Wand hin). (Quelle: DIN, DGfH 1992)

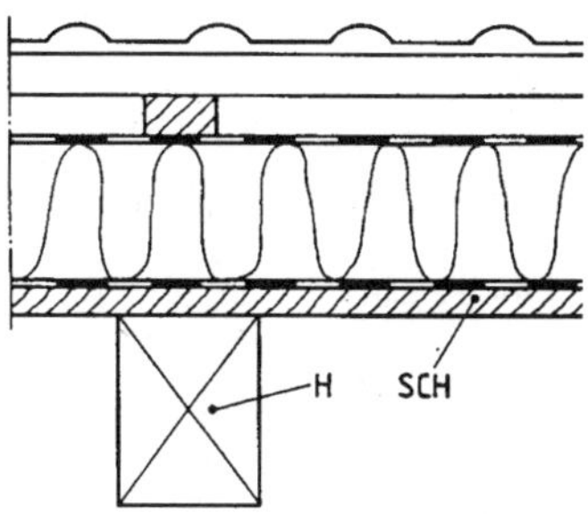

Abb. 38: Gefährdungsklasse 0. Außenbauteile (hier: Dach) mit wie bei Innenbauteilen beanspruchten Hölzern (H) und Bretterschalungen (Sch). (Quelle: DIN, DGfH 1992)

Bei tragenden Holzbauteilen in Innenräumen ohne übliches Wohnklima ist es aus baurechtlichen Gründen nicht möglich, konstruktive Maßnahmen für eine Reduzierung der Gefährdungsklasse auf die GK 0 zu erreichen. Hier kann nur die Nutzungsänderung und die Schaffung des Wohnklimas für Abhilfe sorgen.

Anwendung der geeigneten Holzschutzmittel und Holzschutzverfahren

Der insektenvorbeugende Schutz von Holz in der Gefährdungsklasse 1 läßt sich zuverlässig mit Borsalzen erreichen, wenn der Gefahr von Bauschäden durch Insekten nicht konstruktiv oder mit resistenten Holzarten begegnet werden kann. Hier sind sie derzeit die einzigen natürlichen Schutzmittel.

Zu den Produkten und zur Anwendung gelten die bereits in der Gefährdungsklasse 2 erwähnten Gesichtspunkte – siehe dazu Kap. 3.4 (S. 64). Lediglich die Einbringmengen können je nach Präparat und Hersteller geringer gehalten werden: Der Verbrauch salzförmiger, fester Produkte liegt bei Streichen, Tauchen, Spritzen in stationären Anlagen und Trogtränkung meist bei 30 oder 50 Gramm Salz pro m^2 Holzoberfläche und bei Kesseldrucktränkung i.d.R. bei 1 kg Salz pro m^3 Holz. Anwendungsfertige Flüssigpräparate sind meist mit 160 ml/m^2 bzw. mit 8 – 12 kg/m^3 einzubringen.

Grundsätzlich ist bei nichttragenden Bauteilen die Gefahr eines gravierenden Bauschadens durch Insektenbefall nicht gegeben. Dieser ist nur bei tragenden Holzbauteilen möglich. Daher sollte bei nichttragendem Holz der Gefährdungsklasse 1, auch wenn es nicht aus widerstandsfähigen Hölzern gefertigt wurde, auf eine weitere Holzschutzbehandlung verzichtet werden.

3.6 Gefährdungsklasse 0/W

Einsatz natürlich resistenter Holzarten

Es sind grundsätzlich alle in den Gefährdungsklassen 4 bis 1 genannten Holzarten einsetzbar. Da vor allem die Lebensbedingungen für holzzerstörende Pilze infolge immer wiederkehrender Abtrocknung des Holzes nicht vorliegen, muß jedoch kein besonderes Resistenzverhalten des Holzes gegeben sein.

Theoretisch könnten also alle Holzarten eingesetzt werden. Praktisch hat sich allerdings herausgestellt, daß einige Holzarten auch unter diesen Voraussetzungen nicht für die Außenanwendung geeignet sind. Sie besitzen auch bei diesem immer wiederkehrenden Wechsel zwischen trocken und feucht/naß nur eine begrenzte Lebensdauer.

Es ist also nicht möglich, *keine* Ansprüche an die Holzarten zu stellen. Zusätzlich zu den bisher genannten Holzarten einschließlich der Fichte und Tanne eignen sich hier z.B. Hemlock und Hickory, wobei die einheimischen Nadelhölzer aus forstpolitischen Gründen zu bevorzugen sind. Ahorn, Birke, Buche, Erle, Linde, Pappel, Weide, einige Laubhölzer aus der Gefährdungsklasse 1 (Esche, Platane, Rüster) und ähnliche nicht ›außenanwendungstaugliche‹ Hölzer sollten hier strikt vermieden werden.

Konstruktiver Holzschutz

Die Gefährdungsklasse 0/W setzt bereits ausreichenden konstruktiven Holzschutz voraus. Es sind also grundsätzlich keine weiteren Maßnahmen erforderlich. Dennoch kann nur angeraten werden, die Konstruktion so weit zu verbessern, daß durch weiteren Witterungsschutz wie Abdeckungen und Dächer eine geschützte Lage erreicht wird und die Beanspruchung des Holzes weiter verringert wird.

Oberflächenbehandlung

Holz kann unbehandelt bleiben, da es grundsätzlich keiner Gefahr durch Schadorganismen unterliegt. Dann aber muß in Kauf genommen werden, daß die Holzoberfläche verwittert und zunächst schmutzig grau und unansehnlich wird (vgl. Kap. 2.3, S. 31-34). Erst Jahre später stellt sich die schöne silbriggraue Tönung ein. Soll Holz dekorativ und/oder wasserabweisend gestrichen werden, sind einige Grundsätze zu beachten. Für den direkt bewitterten Außenbereich eignen sich nur pigmentierte Naturharzöl-Lasuren und -Decklacke. Wegen zu geringer UV-Stabilität und Wetterfestigkeit sollte auf hell-

Farbton

getönte, gering pigmentierte Lasuren verzichtet werden (je heller der Farbton, desto geringer die Witterungsfestigkeit). Helle Pastelltöne oder weiße und blaue Lasuren sind grundsätzlich zwar anwendbar, ihre Leistungsfähigkeit erreicht jedoch nicht die der kräftigen Farbtöne. Erdige, mittelbraune Töne und kräftig mit Ocker gelb oder Persisch rot pigmentierte Lasuren haben sich hinsichtlich der Witterungsfestigkeit und der Instandhaltungsintervalle am besten bewährt. Dunkle Beschichtungen sind infolge stärkerer Erwärmung bei Sonnenbestrahlung versprödungsgefährdet und verlangen besonders sorgfältige Konstruktion und Holzauswahl (auf stark harzhaltiges Holz sollte verzichtet werden).

Lasuren sollten den Decklacken vorgezogen werden. Sie sind zwar etwas weniger dauerhaft, müssen also etwas eher instandgehalten und überarbeitet werden, doch ist der Arbeitsaufwand sowohl bei der Erstbehandlung als auch bei der Renovierung geringer als bei den Decklacken.

Sogar zum vorbeugenden Holzschutz tragen wasserabweisende Beschichtungen bei. Die Anstrichschicht verhindert bzw. verzögert die Auffeuchtung des Holzes bei Feuchteeinflüssen (Regen, Nebel, Tau, Kondenswasser etc.). Witterungsbedingte Schwankungen der Holzfeuchte werden erheblich reduziert (vgl. Abb. 14, S. 40). Es zeigt sich, daß Beschichtungen die Holzfeuchte oft deutlich unter 20 % halten (der Schwelle für das Entstehen holzbesiedelnder Pilze); es können sich langfristig sogar Werte von ca. 15 – 17 % einpendeln. Sorgfältig ausgeführte, intakte und regelmäßig instandgehaltene Anstriche leisten daher einen wichtigen Beitrag zum vorbeugenden Holzschutz.

wasserabweisende Beschichtung als Beitrag zum vorbeugenden Holzschutz

Infolge des besonderen Eindringvermögens der Rohstoffe von Naturharzöl-Lasuren und Naturharzöl-Decklacken wird eine wasserabweisende Wirkung sogar im Holzuntergrund erreicht. Wasser dringt zwar nach der Entstehung der oft unvermeidlichen Mikrorisse in der Holzoberfläche kapillar ein, kann dann aber nicht oder nur eingeschränkt seitlich ins Holz wegschlagen, da dieses auch ›dort unten‹ mit Harzöl-Mischungen wasserabweisend durchtränkt ist. Auffeuchtung und Holzfeuchtespitzen werden noch weiter reduziert, der Abstand der tatsächlich sich einstellenden Holzfeuchte zum Schwellenwert von 20% für Pilze wird vergrößert, Quellen und Schwinden lassen sich noch weiter verringern und weiterer Rißbildung vorbeugen.

3.7 Gefährdungsklasse 0/iW

Einsatz natürlich resistenter Holzarten

Wie in Gefährdungsklasse 0/W sollten Ahorn, Birke, Buche, Erle, Linde, Pappel, Weide, einige Laubhölzer aus der Gefährdungsklasse 1 (Esche, Platane, Rüster) und ähnliche Hölzer hier sicherheitshalber vermieden werden. Wenngleich ihre Lebensdauer infolge erheblich geringerer Wechselfeuchtebeanspruchung länger ist als in der Gefährdungsklasse 0/W, sollten auch hier grundsätzlich keine ›außenanwendungsuntaugliche‹ Holzarten Verwendung finden. Besser eignen sich hier alle die in Kap. 3.6, S. 67-68 genannten Holzarten.

Konstruktiver Holzschutz

Über die hier bereits vorliegende bauliche Situation hinaus ist kein weiterer konstruktiver Holzschutz möglich, es sei denn, man verlegt die Bauteile in den Innenbereich (wobei jedoch andere, z.T. bauphysikalische Probleme auftreten und die Einstufung in die Gefährdungsklassen neu vorgenommen werden muß).

Oberflächenbehandlung

Auch bei indirekter Bewitterung gelten prinzipiell die bereits in Kap. 3.6, S. 68-69 erwähnten Grundsätze. Wegen der geschützten Lage und der eher seltenen Bewitterung hat der Feuchteschutz hier natürlich nicht die große Bedeutung. Auch die Auswahl des Farbtons der dekorativen Beschichtung ist hier freigestellt; es sind bei einer ausgeprägt geschützten Lage – z.B. Eingangstür in einem sog. ›Vorbau‹ – sogar farblose Beschichtungen einsetzbar.

3.8 Gefährdungsklasse 0

Ein Einsatz natürlich resistenter Holzarten ist nicht erforderlich. Hier eignen sich alle Hölzer; sie besitzen aufgrund der fehlenden Gefährdung praktisch unbegrenzte Lebensdauer. Ebensowenig ist eine Schutzmittelbehandlung notwendig.

Bei Innenanwendung bestehen allerdings vielfältige weitere Beanspruchungen des Holzes wie mechanische Belastung, Verschmutzung etc. Die Holzoberflächen müssen daher anderen Ansprüchen genügen; die entsprechende Oberflächenbehandlung kann dem Generalthema ›Holzschutz gegen Organismen‹ nicht zugerechnet werden. Zu diesem Themenkreis ist ein weiterer Band in der hier vorliegenden Reihe »Sanfte Chemie« veröffentlicht worden (der auch eine separate Betrachtung der Fenster und Fenstertüren bringt).[16]

3.9 Nachbehandlung des Holzes

Auswaschbeanspruchung

Die nicht fixierenden Borsalze sind ausschließlich für die Gefährdungsklassen 1 und 2 geeignet. Die Wirkstoffe dieser Salze behalten im Holz ihre leichte Wasserlöslichkeit. Damit behandelte Hölzer dürfen Niederschlägen nicht ausgesetzt werden, da durch Schutzmittelauswaschungen der Schutzerfolg beeinträchtigt wird und gleichzeitig eine Verfrachtung der Wirkstoffe in die Umwelt erfolgt. Eine regengeschützte Lagerung und Verarbeitung bis zum endgültigen Einbau unter Dach ist sicherzustellen; das bedeutet einen lückenlosen Niederschlagsschutz (unter Dach, Planen oder Folien) während der Lagerung, beim Bearbeiter, dem Transport, der Zwischenlagerung und dem Einbau auf der Baustelle. Waren die Hölzer zwischenzeitlich einer Auswaschbeanspruchung ausgesetzt, so sind sie erneut zu behandeln.

Trockenrisse

Nachträglich auftretende Trockenrisse können die Wirksamkeit einer Holzschutzbehandlung beeinträchtigen. Reichen die Risse bis in die Bereiche des Holzquerschnitts hinein, die nicht von Holzschutzmitteln erfaßt wurden, so ist eine Nachbehandlung unerläßlich. Insbesondere die ungeschützten Bereiche in Rissen bieten ideale Eintrittsmöglichkeiten für Schadorganismen.

Nachbehandlungen mit Holzschutzmitteln sind stets dann vorzunehmen, wenn der Schutzerfolg beeinträchtigt worden ist. Dies kann also erfolgt sein durch Auswaschbeanspruchung, durch Trockenrisse bis in nicht geschützte Bereiche hinein oder durch nachträgliche Bearbeitung (Sägen, Hobeln etc.) von geschützten Hölzern. Die Nachbehandlung muß so ausgeführt werden, daß durch sie allein die für Verwendungszweck und Gefährdungsklasse erforderliche Einbringmenge sichergestellt ist. Eine Reduzierung der Einbringmenge (etwa nach dem Motto »es wird wohl noch etwas von der Erstbehandlung vorhanden gewesen sein«), ist nicht zulässig.

4. Vorbeugender konstruktiver Holzschutz in der Übersicht

4.1 Bauschäden durch Holzschäden

Holzzerstörende und -besiedelnde Organismen benötigen bestimmte Umgebungsbedingungen für ihr Gedeihen. Die Überlebensmöglichkeiten für holzzerstörende Insekten in trockenem Bauholz orientieren sich an der Umgebungstemperatur, der Holzfeuchte und ganz besonders der Holzart. Bei den Existenzbedingungen für Pilze hingegen ist die Holzfeuchte das überragende Kriterium; kein holzzerstörender Pilz vermag sich unterhalb von 20 % Holzfeuchte zu entwickeln (vgl. hierzu das ausführlichere Kapitel 2, S. 12-22).

Holzschäden, die durch die Bauweise beeinflußt werden, sind in erster Linie Durchfeuchtungsschäden. Das heißt: Die bei weitem häufigsten Schäden beispielsweise an Fassaden und maßhaltigen Holzbauteilen oder an tragendem Holzwerk werden durch Pilze und feuchteliebende Insekten verursacht. Andere Insekten besitzen hier lediglich untergeordnete Bedeutung; ihr gelegentliches Auftreten am Bau läßt sich nicht durch die Bauweise provozieren.

Bauschäden durch Feuchtigkeitseinwirkungen

Eine Bauschadensdokumentation der eidgenössischen Materialprüfungs- und Versuchsanstalt in den späten 70er Jahren bestätigt, daß Bauschäden im Hochbau besonders häufig durch Feuchtigkeitseinwirkungen hervorgerufen werden. Von den Schadensfällen an Holzkonstruktionen waren sogar 75 % ausgesprochene Durchfeuchtungsschäden.[1] Das zwangsläufige Ergebnis: Befall durch holzzerstörende Pilze. Nichts deutet darauf hin, daß heute, Mitte der 90er Jahre, entscheidende Verbesserungen eingetreten sind – im Gegenteil: im Gebiet der ehemaligen DDR sind Holz- und Bauschäden durch Feuchtigkeit infolge jahrelang unterlassener Instandhaltung drastisch gestiegen.

Verschiedene konstruktive Lösungen sind bereits im Kapitel 3 dargestellt worden, vor allem mit dem Ziel der Reduzierung der Beanspruchung des Holzes und der Gefährdungsklassen. Im Folgenden wird ergänzend dazu und teilweise auch in Wiederholung ein konzentrierter Überblick des konstruktiven Holzschutzes gegeben, weil er einerseits im vorbeugenden Holzschutz zentrale Bedeutung besitzt und damit er dem Leser andererseits als Einheit dargestellt wird.

4.2 Konstruktiver Holzschutz

Grundsätze

Sind die Entwicklungsbedingungen und die bevorzugten Nährböden der holzzerstörenden Organismen bekannt, kann durch gezielte planerische Eingriffe

Schäden vorgebeugt werden. Durch eine Bauweise, die ausreichende Trockenheit gewährleistet, kann Pilzen und feuchteliebenden Insekten (z.B. dem »Holzwurm« Anobium punctatum) vorgebeugt werden. Die DIN 68 800 ›Holzschutz‹ beschreibt in ihrem Teil 2 vorbeugende bauliche Maßnahmen mit dem ausdrücklichen Ziel der Vermeidung von Schadorganismen und der Reduzierung chemischen Holzschutzes. Demnach ist sicherzustellen, daß sich der Feuchtegehalt des Holzbauteils nicht durch nachteilige Einflüsse unzuträglich verändert.

Holzfeuchte paßt sich der Umgebung an

Im Gebrauchszustand nimmt Holz eine dem Umgebungsklima entsprechende Feuchte an. Für allseitig geschlossene Bauwerke stellt sich eine Holzfeuchte von ca. 6 – 10 % in beheizten und von ca. 12 ± 3 % in unbeheizten Räumen ein. Offene überdachte Holzbauteile werden rund 12 – 18 % feucht. Etwa den gleichen Feuchtegrad nimmt Holz langfristig an, welches zwar bewittert, aber wasserabweisend abgedeckt oder wasserableitend oder belüftet konstruiert ist (bei dem also Wasser rasch wieder ablaufen – und auch ausdiffundieren – kann). Die unzuträgliche Änderung dieses Zustandes ist zu vermeiden.

Die DIN 68 800 Teil 2 ist beim weiteren Erkenntnisgewinn leider wenig hilfreich, da sie keine konkrete Hilfestellung zur Lösung dieses Problems bietet. Ebensowenig kann die DIN 68 800 Teil 3 herangezogen werden. Sie teilt Holz lediglich entsprechend seiner Beanspruchung in Gefährdungsklassen ein, demzufolge die chemischen Holzschutzmaßnahmen zu ergreifen sind. Diese Einteilung in Gefährdungsklassen, diese ›Bestandsaufnahme‹ vorhandener Bauweisen (unter Einschluß der Baufehler und unzuträglichen Konstruktionen) ist wenig geeignet, den konstruktiven Holzschutz zu fördern, da kein Anstoß für künftig zu ändernde Handlungsweisen und zu verbessernde Baukonstruktionen gegeben wird. Sinnvolle und zugleich höchst effektive Formeln für den schadensfreien Eintritt ins »hölzerne Zeitalter« können hingegen lauten:

Reduzierung der Belastung von Holz: besser als DIN

- Reduzierung der Belastungsintensität von Holzbauteilen
- Überführung der Holzbauteile in eine niedriger gelegene Gefährdungsklasse durch bauliche Raffinesse.

Die zunehmende Bedeutung des Holzes als Bau- und Werkstoff darf nicht darüber hinwegtäuschen, daß gleichzeitig in vielen Bereichen der Bauplanung und -ausführung das erforderliche Fachwissen für eine werkstoffgerechte Holzverwendung und -konstruktion verlorengegangen ist. Konstruktion und Lage des Objekts zur Bewitterung haben darüberhinaus nicht nur Einfluß auf die Dauerhaftigkeit des Holzbauteils selbst, auch die Dauerhaftigkeit des Anstrichs und die Renovierungshäufigkeit werden beeinflußt. Die Grundzüge der guten Konstruktion sollen hier also detailliert beschrieben werden, selbst auf die Gefahr hin, daß der Autor bezichtigt wird, nur ›olle Kamellen‹ vorzustellen und dutzendfach Wiederholtes zum dutzendundeinsten Male zu wiederholen. Angesichts der ungezählten Planungs- und Baufehler der Vergangenheit erscheint diese Gefahr jedoch als vergleichsweise klein.

Vielfalt baulicher Maßnahmen

Die baulichen Maßnahmen und Methoden, die unzuträgliche, lange Auffeuchtungen verhindern, sind – abhängig vor allem von den vielfältigen kreativen Fähigkeiten der Baufachleute und kundigen Heimwerker – so zahlreich, daß eine vollständige Aufzählung hier leider nicht möglich ist. Es können daher nur Prinzipien angesprochen werden, diese jedoch in der gebotenen Ausführlichkeit.

- Bereits während des Bauzustandes ist ein Feuchteschutz zu gewährleisten. Empfindliche Bauteile, die später vor direkter Witterung geschützt liegen, sollten auch während des Einbaus rasch abgedeckt werden.
- Holz ist mit der Feuchte zu verbauen, die etwa derjenigen des Gebrauchs entspricht. Um Quellungs- oder Schwindungsschäden beim Erreichen des Gleichgewichtsfeuchtezustandes zu vermeiden, sollte sie daher für Außenbauteile etwa bei 13 – 15 % liegen. Keinesfalls jedoch darf sie über 20 % liegen, es sei den, ein rasches Austrocknen ist gewährleistet, wobei die Dimensionsänderungen und auftretenden Risse keine weiteren Folgeschäden nach sich ziehen dürfen.
- Ausreichende Dachüberstände dienen als Witterungsschutz für Holzfassaden, Balkone, hölzerne Einbauten etc.
- Außenverbretterungen und Holzverschalungen auch in Feuchträumen wie Bad oder Dusche sind so anzubringen, daß Wasser frei abtropfen kann (Tropfkanten bzw. Hinterschneidungen an den unteren Schmalflächen); es darf nirgendwo zu einem Feuchtestau kommen. Vertikale Schalungen sollten bevorzugt werden; hier sind Nut und Feder so auszurichten, daß der Winddruck aus der Hauptwetterrichtung kein Wasser in die Nut drücken kann. Sinngemäß gilt dies auch für abtropfendes Wasser bei horizontaler

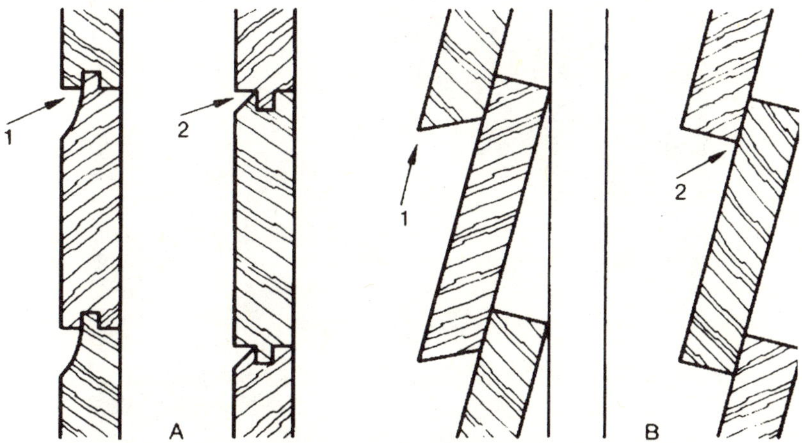

Abb. 39: Geeignete (A1) und ungeeignete (A2) Profilbrettschalung. Geeignete (B1) und weniger gut geeignete (B2) Stülpschalung. (Quelle: Schulze 1991)

Schalung: die Profilbretter dürfen nicht mit der Nut nach oben montiert werden. Stülpschalungsbretter sollten an der unteren Kante hinterschnitten werden, damit Wasser frei abtropft und nicht um die Kante herumläuft und kapillar zwischen die Bretter dringt.

- Brettverkleidungen, sowohl horizontal als auch vertikal, sollten in Holzlängsrichtung keine stumpfen, dichten Stöße Hirnholz auf Hirnholz aufweisen. Sie führen i.d.R. zu Kapillarfugen mit erhöhtem Feuchteniveau. Bewährt haben sich bewußt breit ausgebildete und betonte Fugen, die eine jederzeitige Kontrolle und Nachbehandlung des Hirnholzes ermöglichen. Dies gilt auch für Eckanschlüsse; stumpfe Gehrungen sind zu vermeiden.
- Holzfassadenschalungen, Holzständer, Pfosten etc. sollten möglichst 30 cm (besser noch 40 cm) oberhalb von Erdboden, Simsen, Konsolen oder anderen Rückprallflächen für Regenwasser enden. Ggf. sind Pfosten oder Ständer mittels Stahlstützen auf Sockel zu setzen oder nach unten mit einer wasserundurchlässigen Schicht zu versehen (Schutz vor Spritzwasser und aufsteigender Feuchtigkeit). Bei komplexen Häusern mit versetzen Dachebenen, bei denen Außenbekleidungen oberhalb einer Dachfläche enden, sollte der Abstand mindestens 8 – 10 cm betragen.
- Ortgangbekleidungen werden besonders stark beansprucht. Sie sind deshalb besonders sorgfältig auszuführen. Besonderer Wert sollte auf die Holzqualität (faserparalleler Einschitt, stehende Jahresringe) gelegt werden.
- Auch bei sonstigen frei bewitterten Holzbrettern mit erhöhter Gefahr der Quellung und Schwindung sollten stehende Jahresringe bevorzugt werden (Gefahr zu großer Verwölbung), vor allem, wenn sie sehr dunkel gestri-

Abb. 40: Hohl gewordenes horizontales Brett an einem Balkon: stark erhöhte Holzfeuchte durch ›Badewanneneffekt‹

chen werden sollen. Tangential geschnittenes Holz (liegende Jahresringe) quillt und schwindet etwa doppelt so stark wie radial geschnittenes Holz (stehende Jahresringe). Möglichst keine dunklen Anstriche an großflächigen sonnenexponierten Fassaden, wo meist tangential geschnittene Seitenbretter verwendet werden, aufbringen (zu große Aufheizung, Austrocknung und Verziehen).

- Bei waagerecht eingebauten, tangential geschnittenen Brettern ist die rechte Seite nach oben zu richten. Auf diese Weise wird ein Badewannen-Effekt vermieden, bei dem Wasser in der hohl werdenden linken Fläche stehen bleibt (vgl. Abb. 40). Bei Außenbekleidungen ist sonst die Frage, ob rechte Seite außen oder innen, von untergeordneter Bedeutung. Lediglich bei Deckelschalungen empfiehlt es sich, die rechte Seite nach außen anzubringen, weil dadurch beim Austrocknen des Holzes eine bessere Fugendichtigkeit erreicht wird.
- Holzverschalungen sind gut zu hinterlüften, insbesondere an kondensatgefährdeten Bauteilen. Bei senkrechter Schalung ist eine Konterlattung vorzusehen, um einen vertikalen Luftstrom zu ermöglichen. Für eine zuverlässige Hinterlüftung wird empfohlen, einen durchgehenden Hohlraum zwischen Wand und Außenverkleidung von mindestens 20 mm Dicke zu belassen. Nicht vergessen: Luftzufuhr- und -austrittsöffnungen an Fußpunkt und oberem Ende einer Wandverkleidung (Größe: etwa 2 ‰ der Wandfläche).
- Innerhalb hölzerner Wandkonstruktionen sollte bei niedrigen Außentemperaturen kein Tauwasser auftreten. Wärmedämmung und/oder Dampfbremse, sinnvoll eingesetzt, können Kondenswasser innerhalb von Bauteilen vermeiden. Ggf. ist die Konstruktion zu verändern (geeignete belüftete Hohlräume vorsehen, Lüftungsquerschnitte verändern etc).
- Direkter Kontakt von Hölzern (vor allem Hirnholz) mit angrenzenden feuchtigkeitsführenden oder tauwasseranfälligen Werkstoffen wie Stein, Putz, Metalle sollte vermieden werden. Schwellenhölzer, Holzbalkenköpfe im Mauerwerk auf wasserundurchlässigen Folien oder Bitumenbahnen lagern, Balkenköpfe zusätzlich nur trocken vermauern bzw. von Luft umspült lassen. Achtung beim Fachwerkbau: Vermeidung des Wassereintritts in die Fuge zwischen Schwellenholz und Steinsockel, Sockelvorsprung nach außen abschrägen, ggf. sollte der Schwellenbalken über den Sockel hinausragen. Fachwerkbalken sollten vor der Ausfachung mit Mauerwerk mit einem wasserabweisenden ersten und zweiten Anstrich versehen werden.
- Es ist für eine wasserabführende Ausbildung der Holzkonstruktion, insbesondere an Tür- und Fensteranschlüssen, Sorge zu tragen (vgl. Abb. 41). Bewittertes Holz darf zur Vermeidung stehenden Wassers keine horizontalen Flächen aufweisen. Alle entsprechenden Flächen an Gartenpfählen, Zäunen, vorstehenden Friesen an Fassadeneinbauten, Falz- und Gratlei-

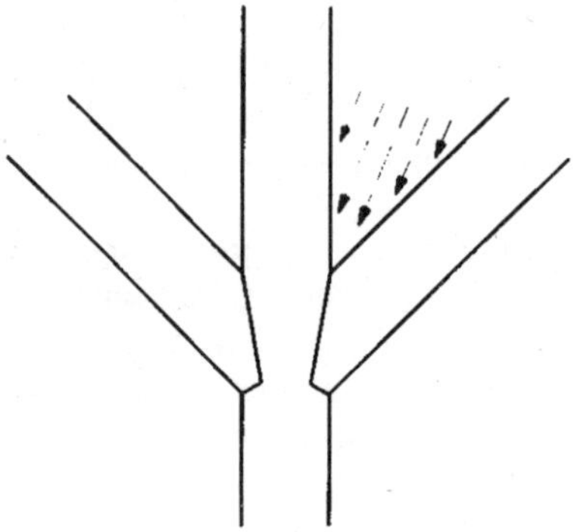

Abb. 41: Gefährdete Holzverbindung im Freien ohne Wasserableitung (Quelle: Schulze 1991)

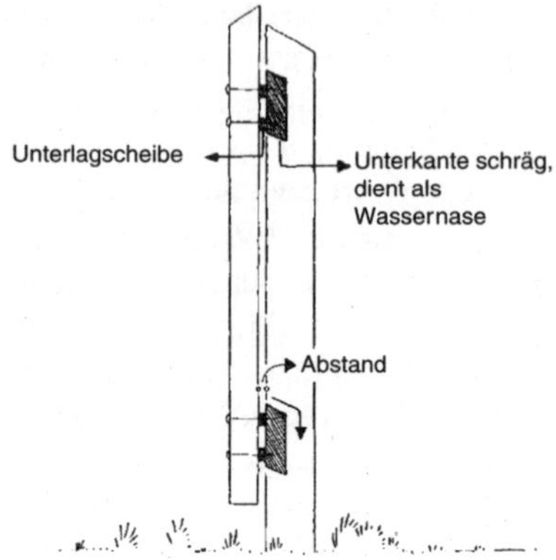

Abb. 42: Holzzaun im Querschnitt: Angeschrägte Flächen zur raschen Wasserableitung; Unterlagscheiben zur Vermeidung von Kapillarfugen bei Holz-auf-Holz-Kontakt. (Quelle: Württ. Landesgewerbeamt Stuttgart 1940)

sten, Geländern, etc. sind daher anzuschrägen, um das problemlose Ablaufen des Wassers zu gewährleisten (vgl. Abb. 42). Freies Hirnholz darf grundsätzlich nicht nach oben und sollte auch zur Seite hin nicht offen sein. Zaunpfähle sind bespielsweise mit einen Brettchen abzudecken. Gartenmöbel sind bei schlechter Witterung unter Dach zu transportieren oder schräg zu stellen.

- Grundsätzlich sind Konstruktionen zu wählen, die das Arbeiten des Holzes nicht behindern. Holzbewegungen sind frei zu ermöglichen (aus diesem Grunde ist beispielsweise die Feder eines Profilbrettes kürzer als die Nut). Schalungsbretter z.B. an Boden-Deckel- oder Stülpschalungen sind nicht gemeinsam zu fixieren (nageln oder schrauben); jedes Brett ist separat zu befestigen und muß sich frei bewegen können (vgl. Abb. 44).
- Bei komplexeren Holzkonstruktionen ist die Konstruktion so auszuführen, daß stark exponierte Holzteile später gegebenenfalls separat nachbehandelt oder auch ausgewechselt werden können.

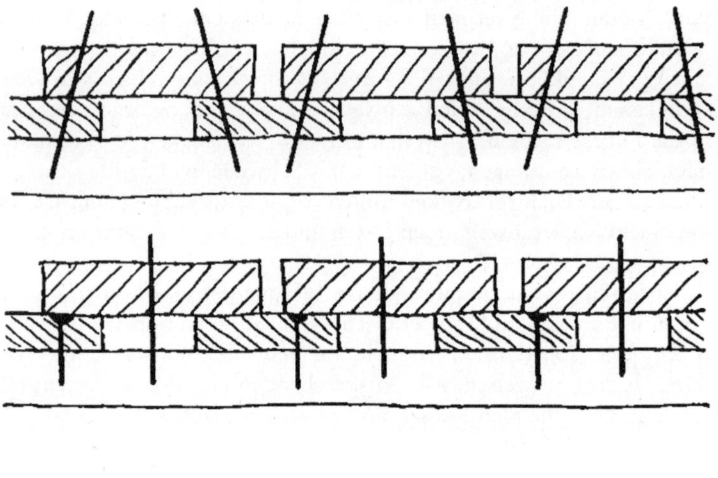

Abb. 43: Deckelschalung. Oben falsch: Behinderung des freien Quellens und Schwindens durch unsachgemäße Nagelung. Unten: korrektes Nagelschema (Prinzip).

- Außenbauholz wie Gartenmöbel, Pergolen, Spielplatzgeräte oder auch Zäune sind so zu gestalten, daß möglichst alle Holzflächen von Luft umspült werden, die Feuchtigkeit wieder abtransportiert. Alle Kontaktflächen Holz/Holz oder Holz/Metall an den konstruktiven Verbindungsstellen sind so klein wie möglich zu halten, damit hier kein oder möglichst wenig Wasser (kapillar) festgehalten werden kann.

Abb. 44: Beeinflussung der Schwindrißbildung durch den Einschnitt

- Bei witterungsexponierten Außenbauteilen sollten grundsätzlich dickere Hölzer aus einstieligem Einschnitt vermieden werden, da sie stärker zur Schwindrißbildung neigen und zur Wasseraufnahme einladen (vgl. Abb. 44 oben). Man bevorzuge den mehrstieligen Einschnitt (vgl. Abb. 44 unten) bzw., wenn größere Querschnitte nicht zu vermeiden sind, Brettschichtholz.
- Pfosten, Pfähle und Palisaden im Erdkontakt, die aus weniger resistenten Holzarten bestehen, sollten im Erdreich komplett mit einer Kiesschicht als Drainage versehen werden. So kann Staunässe vermieden werden, die sonst vom Erdreich direkt ins Holz überführt würde.

Maßhaltige Holzbauteile wie Holzfenster, Außentüren, Klappläden und auch Wintergärten haben besondere Aufgaben im Baukörper und müssen weitestgehende Dimensionsstabilität aufweisen. Daher sind bei ihnen die Möglichkeiten für Schadeinflüsse besonders groß: Was an einer Außenverschalung noch toleriert wird, kann bei maßhaltigen Holzbauteilen bereits zu gravierenden Schäden führen. Vor allem Holzfeuchte- und daraus resultierende Dimensionsänderungen sind unbedingt zu minimieren. Leider lehrt die Praxis immer wieder, daß die Grundsätze einer guten Konstruktion auch im Zeitalter kompletter Fräskopfsätze für die gütegesicherte Fensterprofilierung oft grob mißachtet werden.

- Maßhaltige Holzbauteile als Fassadeneinbauten wie Fenster und Fenstertüren sollten nicht fassadenbündig angebracht werden; sie sind zurückgesetzt in einer Laibung anschlagend zu konstruieren (Schutz der Rahmen vor Niederschlag). Wird diese zurückversetzte Konstruktion in einem Fachwerk ausgeführt und das Fenster direkt auf einen Brustriegel aufgesetzt, so ist insbesondere auf den Feuchtigkeitsschutz dieses eingezapften Brustriegels zu achten: leichtes Gefälle der oberen Fläche nach außen, Einstemmen des Riegels in die Fachwerkständer, ggf. mit Versatz oder Hinterschneidung (zur Vermeidung eindringenden Wassers in das Stirnholz des Brustriegels).
- Die Profilausbildung hat so zu erfolgen, daß Wasser abgeleitet wird (geneigte Flächen mit mindestens 15 °). Die Norm DIN 68 121 – Holzfensterprofile – ist unbedingt zu berücksichtigen. Verglasungen mit außen angebrachten Glashalteleisten sind mit Ausnahme von Sonderkonstruktionen (z.B. Hallenbäder oder historische Fenster) unzulässig.

- Die Holzfeuchte muß 13 ± 2 % betragen. Dies gilt bereits vor der Verarbeitung des Rohholzes.
- Rundungen an den Kanten sind ganz besonders wichtig. Sie müssen so groß sein, daß eine genügend dicke Beschichtung aufgetragen werden kann. Die Rundung darf nicht zu neuen Kanten führen; sie ist daher an die Flächen anzugleichen. Auf keinen Fall dürfen Holzfasern im Rundungsbereich gequetscht werden. Kanten im Außenbereich sollten daher einen Radius von ca. 2 mm aufweisen. Dabei ist es wichtiger, auf die exakte Rundung zu achten als auf die genaue Einhaltung des Radius. Ein Stumpfen der Kante oder das Anbringen von Fasen reicht nicht aus.
- Zur Vorbeugung von Feuchtenestern sind Kapillarfugen zu vermeiden. Gerade im Brüstungsbereich, bei der aufrechte Rahmen in waagerechte Riegel eingezapft sind, ist daher auf sorgfältige Verleimung und gerundete Kanten zu achten (nur diese führen zu einer sog. V-Fuge, aus der Wasser wie aus einem Graben herauslaufen kann).
- Die Wetterschutzschienen müssen im seitlichen Anschluß zum Blendrahmen mit elastischem Dichtstoff abgedichtet sein.
- Zur Sicherung der Funktionsfähigkeit von Dichtstoffugen ist auf eine Zweiflankenhaftung zu achten. Der Dichtstoff darf nur an den beiden Flanken der Fuge, nicht aber am Fugengrund haften (ggf. Trennfolie einlegen). Dadurch werden später auftretende Risse im Dichtstoff vermieden.
- Es ist auf die Zwischenräume zwischen Rahmenunterseite und Fensterbank zu achten. Wenn hier der Abstand so gering ist, daß die Rahmenunterseite nicht mehr gestrichen werden kann, ist es zweckmäßig, diesen Zwischenraum so abzudichten, daß keine Feuchtigkeit ins Holz eindringen kann.
- Untere Rahmenbereiche wie Schwellenhölzer (bei Wintergärten), Wetterschenkel (bei Fenstern, Fenstertüren oder Klappläden) oder gar hölzerne Fensterbretter (sofern vorgesehen) sind die am stärksten witterungs- und feuchtebelasteten Holzteile. Zumindest sie sollten daher aus den resistenten Holzarten Kiefer-Kern, Redwood, Eiche, Dark Red Meranti oder ggf. auch Pitch-Pine oder Lärche gefertigt werden.

4.3 Resistente Holzarten: Überblick

Sofern man auf die Holzauswahl Einfluß hat, sind geeignete Holzarten zu wählen. Buche, Birke, Ahorn, Linde und ähnlich anfällige Holzarten dürfen im Außenbereich nicht eingesetzt werden. Ebenso sind Holzwerkstoffe im Außenbereich nicht geeignet. Wo trotz baulicher Raffinessen oder bedingt durch Kompromisse in der Bauausführung eine erhöhte Feuchtebelastung und das Risiko eines Schädlingsbefalls besonders groß ist, kann man das Kernholz natürlich resistenter Holzarten verwenden. Dies gilt z.B. für hölzerne Fensterbänke, untere Rahmenteile von Balkongeländern, Schwellenhölzer, Zaunpfähle, Pfosten, Palisaden, Außentreppen, Gartendecks oder auch Stege etc.

In diesem Sinne sind Afzelia, Angelique, Bilinga, Bongossi (Azobé), Greenheart, Robinie und Teak (Resistenzklasse 1 nach DIN 68 364) selbst im permanenten Erd- und Wasserkontakt witterungsfest, dauerhaft und über mehrere Jahrzehnte auch völlig ungeschützt haltbar. Bei Hölzern mit starker Beanspruchung durch Niederschläge, Spritzwasser o.ä., jedoch ohne Erd- oder Wasserkontakt, eignen sich zusätzlich Afrormosia, Cedro, Eiche, Freijo, Iroko (Kambala), Kotibe, amerik. Mahagoni, Sipo-Mahagoni, Makore, Merbau, Ovengkol und Western Red Cedar (Thuja) – diese Hölzer zählen zu den Resistenzklassen 1 und 2 nach DIN 68 364 – sowie Bubinga, Edelkastanie, Eibe, Mansonia, Nußbaum, Palisander, Redwood. Für Holzbauteile ohne direkte bzw. mit mäßiger Wetterbeanspruchung wie z.B. Holz unter Loggien, Dachüberständen etc. – sofern überhaupt gefährdet – bieten sich als für kritische Bereiche besonders geeignete Holzarten zusätzlich Agba, Douglasie (Oregon Pine), Keruing, Lärche, alle restlichen Mahagoni-Arten, Dark Red Meranti und Niangon – Resistenzklassen 1, 2 und 3 nach DIN 68 364 – sowie Birnbaum, Framire, Kosipo, Lauan und Zirbelkiefer an. Daß dabei auf die Tropenhölzer zugunsten der einheimischen bzw. leicht verfügbaren Holzarten Birnbaum, Douglasie (Oregon Pine), Edelkastanie, Eiche, Lärche, Robinie und Zirbelkiefer verzichtet werden sollte, ist Voraussetzung.

Im allgemeinen hingegen und bei gutem konstruktiven Holzschutz sind die »normal« verfügbaren Nadelhölzer Fichte, Kiefer, Lärche, Douglasie (Oregon Pine) oder Hemlock im bewitterten Außenbereich vollkommen geeignet.

5. Bekämpfung eines vorhandenen Schädlingsbefalls, Sanierung und Instandsetzung des Holzes

5.1 Erkennen der Holzschädlinge

Vielfach herrscht die Meinung vor, daß spätestens bei einem vorhandenen, aktiven Schädlingsbefall baubiologische bzw. natürliche Mittel und Methoden versagen, an ›der Chemie‹ gehe kein Weg mehr vorbei. Dies ist ein – lançierter – Irrtum, dem gründlich entgegengetreten werden muß.

Wichtigste Voraussetzung für Bekämpfungsmaßnahmen ist ein lebender Befall holzzerstörender Organismen. Diese Feststellung mag Schmunzeln erzeugen, doch vor dem Hintergrund, daß oft ein längst erloschener, vor Jahren abgestorbener Insektenbefall und damit nur die alten Ausfluglöcher im Holz bekämpft worden sind, wird diese Aussage verständlicher.

Tab. 6: Einfache Erkennungsmerkmale der wichtigsten Braunfäulen

Pilz	**Vorkommen**	**Fäulnisbild**	**Mycel**
Echter Hausschwamm (Serpula lacrimans)	Besonders in Altbauten, halbtrockenes Holz, keine Luftbewegung	Deutlicher Würfelbruch	Luftmycel watteartig weiß, im Alter grau
Brauner Kellerschwamm (Coniophora puteana)	Neubauten und feuchte Altbauten, feuchtes Holz	Würfelbruch unter ziemlich intakter Oberfläche	Oberflächenmycel, weißlich bis lehmgelb, später braun
Porenschwamm (Poria vaillantii)	In Gebäuden und im Freien in der Bodenzone, vor allem an Nadelholz, feuchtes Holz	Würfelbruch	Luftmycel watte- bis eisblumenartig, weiß, im Substratmycel Medaillons
Zaunblättling (Gloeophyllum sepiarium)	Im Freien oberhalb des Bodens und in feuchten Bauten, besonders an Kiefer und Fichte, feuchtes Holz	Innenfäule mit Würfelbruch	Mycel im Substrat (= Holz), dort mit Medaillons
Tannenblättling (Gloeophyllum abietinum)	Im Freien oberhalb des Bodens und in feuchten Bauten, besonders an Tanne und Fichte, sehr feuchtes Holz	Innenfäule mit Würfelbruch	Mycel im Substrat (= Holz), dort mit Medaillons
Schuppiger Sägeblättling (Lentinus lepideus)	Im Freien oberhalb des Bodens, selten in Gebäuden, an Nadelholz (teilweise auch im Kern), feuchtes Holz	Innenfäule	Mycel im Substrat (mit Medaillons)

»Leicht läßt sich ... von geschäftstüchtigen, unseriösen Firmen bei ... Befall die Angst und Unkenntnis der Betroffenen ausnutzen, um einen harmlosen, unerheblichen Pilzbefall, längst erloschenen Hausbockbefall oder belanglosen Frischholzinsektenbefall zum Vorwand kostspieliger, völlig überflüssiger und in keinem Verhältnis zum tatsächlichen Schadbild bzw. Schadensumfang stehender Bekämpfungsmaßnahmen zu nehmen. Nur allzuoft sind auch Architekten und Mitarbeiter von Bauämtern bereit, den Befallsanalysen von Holz- und Bautenschutzfirmen und daraus abgeleiteten Bekämpfungsvorschlägen zu folgen, anstatt einen sachkundigen Sachverständigen einzuschalten, um sich gegenüber Fachkollegen oder Vorgesetzten keine Blöße zu geben, gleichzeitig aber ›auf der sicheren Seite‹ zu sein.«[1]

Erkennung und Identifizierung lebender Schädlinge gehört daher zu den unabdingbaren Voraussetzungen im Vorfeld von Bekämpfungsmaßnahmen, zumal sich einzelne Arbeitsgänge je nach Schadbild und Schadorganismus unterscheiden.

Erkennungsmerkmale der wichtigsten holzzerstörenden Pilze

Da das Pilzwachstum und überhaupt das Leben holzzerstörender Pilze mit Holzabbau einhergehen, läßt sich deren Existenz, banal gesagt, am ›faulenden‹ Holz erkennen. Je nach Familienzugehörigkeit des Pilzes wird das Holz sich

Stränge	Fruchtkörper	Sporenfarbe
Grau bis braun, bis bleistiftdick, mit lappigem Zwischenmycel, trocken brüchig (bricht mit deutlichem «knack«), dünne Faserhyphen	Bis 1,5 m groß, fleischig-zäh, faltiger, rostbrauner Fruchtkörper mit weißem wulstigen Rand	rostfarben bis gelbbraun
Schwarzbraun, haarartig dünn, braune, dünne Faserhyphen	Ziemlich groß, dünn, krustenförmig, rotbrauner Fruchtkörper auf Warzen, im Alter brüchig	gelbbraun
Weiß, bis bindfadendick, ziemlich glatt, biegsam bleibend, dünne Faserhyphen	Kleine bis große weiße, später gelbliche, korkige Polster, mit weiten, eckigen, Poren	farblos
Keine	5 cm breite und 10-20 cm lange lederartige Konsolen, gelbrot mit fuchsig gelbem Zuwachsrand, lamellenartige Poren auf der Unterseite	unbestimmt
Keine	3 cm breite und bis 1m lange Leisten, umbra-braun, mit hellrosa Zuwachsrand, lamellenartige Poren auf der Unterseite	unbestimmt
Keine	5-10 cm breite lederig zähe, bräunliche gestielte Hüte mit gesägten Lamellen	farblos

bräunlich oder weißlich verfärben. Dadurch lassen sich bereits die sog. Braunfäule- von den Weißfäule-Pilzen unterscheiden. Weißfäule-Pilze benötigen in diesem Zusammenhang keine weitere Differenzierung – wichtig ist: Es kann sich nicht um den Hausschwamm handeln –, während Braunfäulepilze näher bestimmt werden sollten. Hierzu eignet sich Tab. 6.

Da bei Fäulnisschäden der Umfang der durchzuführenden Sanierungsarbeit von der Schwammart abhängig ist, muß zunächst eine sorgfältige Feststellung der an dem aufgetretenen Schaden beteiligten Pilze erfolgen. Es ist vor allem zu prüfen, ob tatsächlich der Echte Hausschwamm vorhanden ist.[3] Daher muß vor allem beim Befall tragender Bauteile und bei umfangreicherem Schaden die Hinzuziehung eines Pilzsachverständigen empfohlen werden, auch im Hinblick auf später mögliche Rechtsstreitigkeiten. Pilzbestimmungen führen weiterhin Holzforschungsinstitute, Botanische Universitätsinstitute, Staatliche Materialprüfanstalten und bisweilen auch Pflanzenschutzämter durch.

Die Gefährlichkeit des Echten Hausschwamms beruht auf der Fähigkeit, bereits ab 20 % Holzfeuchte aufwärts zu leben und vor allem durch selbst herbeigeschafftes Transportwasser trockenes Holz zu befeuchten und für die weitere Zerstörung vorzubereiten. Dabei können die Stränge meterweit holzfreie Strecken überbrücken und auch poröses Mauerwerk durchwachsen.

Tab. 7: Einfache Erkennungsmerkmale der wichtigsten holzzerstörenden Insekten

Art	Vorkommen	Schadensbild
Hausbock (Hylotrupes bajulus)	Nadelholz, meist Dachböden	Meist unversehrte, nur selten von Fluglöchern durchbrochene Holzoberfläche; Fraßgänge bis dicht unter die Oberfläche, im Streiflicht aderartige Erhebungen bildend; Bohrmehl füllt die Fraßgänge aus und rieselt nur aus Holzrissen heraus
Gemeiner Nagekäfer (Anobium punctatum)	Nadel- und Laubholz, relativ feucht	Von zahlreichen Fluglöchern durchbohrte Holzoberfläche; unregelmäßige Fraßgänge im Splintholz; mehlartig-lockeres weißes Bohrmehl in den Fraßgängen, wird bei starkem Befall ausgeworfen
Brauner Splintholzkäfer (Lyctus brunneus)	Laubholz, bei einheimischen Laubhölzern oft nur Splint, trocken-warm	Bei starkem Befall siebartig durchlöcherte Oberfläche; unregelmäßige Fraßgänge in Faserrichtung, anfangs mit Bohrmehl fest verstopft; später flächenartige Zerstörung von Holzschichten, große Mengen puderfeinen Bohrmehls, quillt oft aus den Bohrlöchern heraus
Holzwespe (Siricidae)	Nadelholz	Oberfläche des Holzes bis auf die sehr wenigen Ausfluglöcher unversehrt; runde Fraßgänge mit hellem Bohrmehl fest verstopft

Erkennung und Identifizierung der wichtigsten holzzerstörenden Insekten

Eine lebende Population von Insektenlarven läßt sich oft erst nach Auftauchen der ersten Ausflüglöcher feststellen. Streng genommen sind jedoch die Ausfluglöcher nur ein Zeichen dafür, daß an dieser Stelle eine Larve das Holz bereits verlassen hat. Die Existenz von Ausfluglöchern begründet daher noch keine Bekämpfungsmaßnahmen (oft schon sind fahrlässiger- und völlig überflüssigerweise längst ausgestorbene Befallsherde und daher nur ›leere Löcher‹ bekämpft worden). Größe und Form der Ausfluglöcher sind aber ein typisches Erkennungsmerkmal für die Art der ausgeflogenen Insekten.

Erst frisch auftretende Bohrlöcher bzw. erkennbar frisches (= sehr helles, fast weißes) Bohrmehl zeugen von einem aktiven Befall. Um sicherzugehen, daß kein altes Bohrmehl versehentlich als frisch eingeschätzt wurde, sollte der betreffende Holzgegenstand kräftig abgebürstet, abgeklopft und von möglichst allem herausrieselnden Bohrmehl befreit werden. Auch die darunterliegende Fläche ist vom herausgerieselten Bohrmehl zu säubern. Der Gegenstand ist dann über mehrere Tage (besser einige Wochen) ruhig stehen zu lassen. Erst wenn währenddessen immer noch frisches Bohrmehl herausrieselt, sind lebende Larven vorhanden.

Bei vermutetem aktivem Befall kann auch die Suche nach Larven im Holz aufgenommen werden. Sie ist natürlich nicht zerstörungsfrei möglich und macht normalerweise nur an den Kanten von Dachsparren Sinn (s. S. 89-90,

Ausfluglöcher	Larven	Käfer
oval; nur bei rauhem Holz mit leicht gefranstem Rand; 4-5 x 7-10 mm	15-30 mm lang; elfenbeinweiß mit dunklen Mundwerkzeugen; Vorderbrust und Hinterleib verdickt	Weibchen 10-25 mm , Männchen 8-16 mm lang; dunkelbraun bis schwarz, weißlich behaarter Halsschild mit zwei glänzenden schwarzen Höckern, zwei helle Querstreifen auf den Flügeln
kreisrund; Durchmesser 1-2 mm	4-6 mm lang; gelblichweiß; engerlingartig gekrümmt	3-5 mm lang; pechbraun, grau behaart, Flügel mit Punktstreifen, Kopf kapuzenartig überdeckt
rund; Durchmesser 0,8-2 mm	bis 6 mm lang; elfenbeinweiß; engerlingartig gekrümmt; gelblicher Fleck am Hinterleib	3-8 mm lang; hell- bis rotbraun; schlank, länglich und flach-stäbchenförmig
kreisrund, glattkantig; Durchmesser 4-10 mm	weißlich, walzenförmig; 3 Paar stummelartige Brustfüße; Stachel am Hinterleib	Weibchen 15-25 mm mit Sägescheide und Legestachel, Männchen 8-30 mm; wespenähnlich, aber ohne Wespentaille

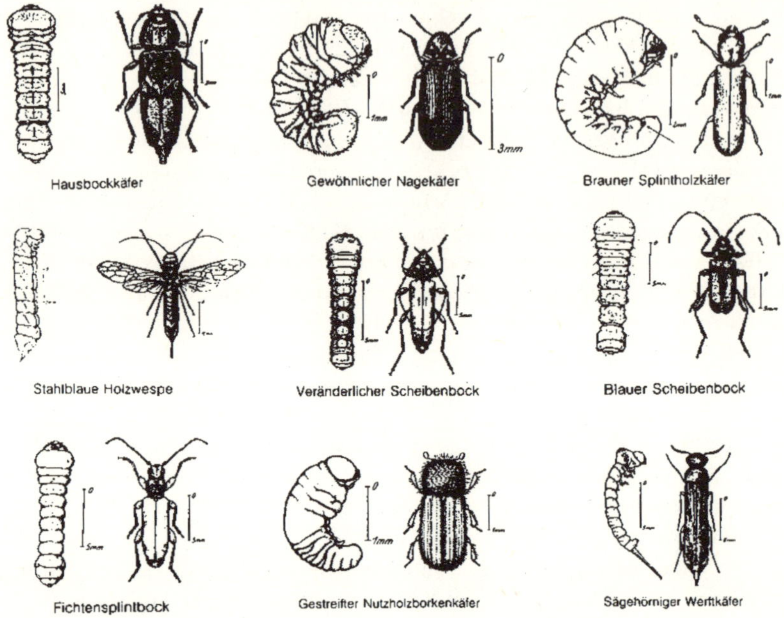

Abb. 45: Larven und Käfer wichtiger Bau- und Werkholzschädlinge (Nach Schmidt 1962; aus Grosser 1985)

wo die Untersuchungen zur Ausdehnung des Befalls beschrieben werden).

Grundsätzlich ist zunächst ein aktiver Befall zweifelsfrei nachzuweisen, ehe Bekämpfungsmaßnahmen eingeleitet werden. Bei tragenden Bauteilen wie z.B. Holzbalkendecken, Dächern mit komplexem Dachstuhl und generell bei Altbauten ist es sehr hilfreich, einen anerkannten Holzschutzsachverständigen

Abb. 46: Aktiver Insektenbefall - hier Anobium punctatum im Buchenholzstuhl (links) - läßt sich erst nach mehrfachem Auftreten frischen Bohrmehls (rechts) sicher feststellen

bzw. Insektenkundigen hinzuzuziehen (dies ist allein schon notwendig, um die Standsicherheit der Konstruktion festzustellen).

Aktiver Befall muß zweifelsfrei nachgewiesen werden

Die Art des Insekts läßt sich anhand verschiedener Erkennungsmerkmale unterscheiden. Hilfe bei der Identifizierung geben Abb. 45 und Tab. 7[4]. Werden Frischholzinsekten wie z.B. die Holzwespe erkannt, erübrigt sich die weitere Bekämpfung; es sind dann allenfalls durchnagte Abdeckungen abzudichten. Auch braun- und schwarzgerandete Bohrgänge sind nicht auf Trockenholzinsekten zurückzuführen; sie wurden im frischen Holz von Borken-, Werft- und Kernholzkäfern angelegt.

5.2 Bekämpfungsmaßnahmen bei Befall holzzerstörender Pilze

Vorarbeiten

Zunächst ist zu prüfen, ob nur ein unerheblicher Pilzbefall ohne Hausschwammbeteiligung vorliegt, der Tragfähigkeit und Holzsubstanz weitestgehend unbeeinträchtigt gelassen hat. In diesem Fall braucht außer Trockenlegung und Beseitigung der Feuchtigkeitsquelle keine weitere Bekämpfung zu erfolgen.

unerheblicher Befall

Ein darüberhinausgehender Befall beweglicher, transportabler und nicht fest eingebauter Holzteile wird am besten durch Entfernen und Erneuern des betroffenen Gegenstandes beseitigt. Es ist sorgfältig zu überlegen, ob eine Bekämpfungsmaßnahme bei diesen Hölzern überhaupt Sinn macht.

Sind aber verbautes Holz und mit dem Gebäude/der Konstruktion fest verbundene Holzbauteile vom Pilzbefall betroffen oder liegt Hausschwammbefall vor, sind umfangreichere Bekämpfungsmaßnahmen unvermeidlich.[5]

Voraussetzung für die Bekämpfung eines Pilzbefalls ist die eindeutige Feststellung der Befallsausdehnung. Sodann ist unbedingt die Standsicherheit der betroffenen Konstruktion sicherzustellen; dies sollte durch einen Statiker erfolgen.

Befallsausdehnung

Bei der Untersuchung des befallenen Holzes zur Feststellung der Befallsausdehnung müssen sich die Ermittlungen auf mindestens 1 m Entfernung über das äußerlich sichtbare Pilzgeflecht hinaus erstrecken. Das Holz muß genau betrachtet werden, da dünnes Mycel leicht übersehen wird. Kräftiges Anschlagen des Holzes mit einem Hammer kann Hinweise auf oberflächlich (noch) nicht sichtbaren Befall geben. Befallenes Holz klingt ›dumpf‹, während das gesunde Holz ›trocken-hell‹ klingt. Es sind auch Putz, Fugenmörtel, angrenzendes Mauerwerk (auch zweischaliges) und Hohlräume in die Untersuchungen einzubeziehen. Dabei muß sorgfältig auf Pilzdurchwachsungen geachtet werden; ggf. müssen sogar angrenzende Räume, Geschosse und vielleicht sogar Gebäude überprüft werden. Holzbalkendecken und andere verdeckt eingebaute Holzbauteile einschließlich z.B. der Balkenauflagerbereiche oder der Sparrenfüße sind auch ohne sichtbare Anzeichen eines Befalls freizulegen, wenn durch die Einbausituation oder den Zustand angrenzender Bauteile ein Befall zu vermuten ist.

Hausschwamm

Bei Befall durch Echten Hausschwamm sollte sicherheitshalber der Putz abgeschlagen werden (ggf. sind auch Fliesen und Bodenbeläge zu entfernen), um feststellen zu können, ob unter dem Putz oder im Mauerwerk noch Pilzfäden vorhanden sind. Hier ist ganz besonders die Fähigkeit dieses Pilzes zu berücksichtigen, mit den Mycelsträngen Mauerwerk bis in angrenzende Räume zu durchwachsen. Je nach Befallssituation und -umfang sind Wand- und Deckenverkleidungen, Fußbodenbretter, Türstöcke, Fußleisten bis hin zur Teilentkernung zu beseitigen.[6] Wenn es bereits zum Wachstum von Fruchtkörpern mit Sporenbildung gekommen ist, muß wegen des Sporenfluges der potentielle Befallsbereich größer angenommen werden. Bei Holzfußböden ist daher in allen Räumen die Dielung stichprobenartig aufzunehmen.

Konstruktive Maßnahmen

Bei allen Pilzarten sind Oberflächenmycel (Pilzgeflecht einschließlich der Stränge) und Fruchtkörper restlos zu beseitigen. Alle befallenen Holzteile sind um mindestens 30 cm über den sichtbaren Befall hinaus zu entfernen (das bedeutet z.B. bei Balken und Dielen in der Regel ein Abschneiden der Holzteile), bei Echtem Hausschwamm und verwandten Schwammarten um mindestens 1 m in Längsrichtung der Hölzer.[7] Durchwachsene Schüttungen müssen einschließlich eines ausreichenden Sicherheitsabstandes (beim Hausschwamm mindestens 1,5 m in alle Richtungen) vollständig ausgeräumt werden.

Entfernung befallenen Holzes

Bei Hausschwammbefall in Kellern mit Naturböden ist die oberste Bodenschicht ca. 15 cm tief und 1 m über das sichtbare Befallsareal hinaus auszuheben; bei starkem Befall ist auch der Fußboden (Estrich, Beton, Ziegelsteinlage o.ä.) aufzunehmen. Hausschwammbefallenes Mauerwerk ist vom Putz zu befreien, lockere Mörtelfugen sind mindestens 2 cm, möglichst aber 5 cm tief auszukratzen.

Alle entfernten und ausgebauten Gegenstände (Holzteile, Schüttungen, Mycelien, Fruchtköper etc.) dürfen nicht zum Ausgangspunkt eines neuen Befalls werden. Sie sind unverzüglich zu sichern und geordnet zu entsorgen (ggf. zu verbrennen – sofern das Altholz nicht holzschutzmittelbehandelt war).

Beseitigung der Feuchtigkeitsquelle

Die Ursache für diesen Pilzbefall, erhöhte Feuchte von Holz und ggf. Mauerwerk, muß festgestellt und dauerhaft beseitigt werden. Liegt innerhalb von Gebäuden lediglich Blättlingsbefall vor, sind die Blättlinge durch diese baulichen Maßnahmen mit Trockenlegung verhältnismäßig leicht zu bekämpfen, da sie nicht auf gesundes, trockenes Holz übergreifen.

Bei Beseitigung der hohen Feuchte in Neubauten ist insbesondere auf den Einbau zu feuchten Holzes, auf mangelhaften oder fehlenden Schutz gegen Erdfeuchtigkeit, auf bauphysikalisch falschen Wärme- und Feuchtigkeitsschutz, auf zu geringe Bauwerksaustrocknung (Mauerwerk und Decken) etc. zu achten.

In Altbauten muß ganz besonderes Augenmerk auf folgende Schadensmöglichkeiten gelegt werden:

- undichte oder verstopfte Regenrinnen bzw. Regenfallrohre;
- zersprungene oder fehlende Dachfensterscheiben;
- undichte Dachhaut;
- mangelhafte Anschlüse bei versetzten Dachebenen oder Dachaufbauten;
- undichte und tröpfelnde Wasserleitung (vor allem an Anschlüssen);
- verstopfte Entwässerungsleitungen;
- Tauwasser an nicht oder ungenügend gedämmten – kalten – Wasserleitungen;
- undichte Beläge bzw. seitliche Anschlüsse in Naßbereichen (Duschen, Waschküchen etc.);
- ungenügend abgedichteter Einbau von Naßzellen (WC's, Dusch- und Baderäume) in alte Holzbauten
- fehlender konstruktiver Holzschutz;
- unsachgemäße Ausbildung nicht unterkellerter Bereiche (vor allem dampfdichte Beläge wie PVC-Beläge oder rückenbeschichtete Teppiche auf Holzbalkendecken);
- unsachgemäße Mauerwerksabdichtung (Schwarzanstrich) der Kelleraußenwand;
- in Überschwemmungsgebieten zu langsame Austrocknung der überschwemmten Bauteile.

Für die Austrocknung der sanierten Bauteile ist zu sorgen; dazu ist der betroffene Bereich ausreichend lange zu belüften bzw. luftig zugänglich zu halten. Feucht eingebautes Holz muß ungehindert austrocknen können.

Ersatz des ausgebauten Holzes

Durch konstruktive Holzschutzmaßnahmen ist für ein dauerhaft trockenes Milieu mit Holzfeuchten unterhalb von 20 % zu sorgen. Die neu einzubauenden und verbliebenen, nicht befallenen Hölzer sind entsprechend der Anleitung im Kap. 2.5 (s. S. 37-48) in Gefährdungsklassen einzustufen und möglichst durch geeignete Änderung der Konstruktion vorbeugend zu schützen (s. S. 52, 55-59, 61-63, 65-67). Teilweise ist es sinnvoll, neu einzubauende Holzteile aus resistenten Holzarten zu fertigen (s. S. 51, 54-55, 60-61, 65, 67-68, 69).

Angeschuhte und angelaschte Balkenteile müssen, wie grundsätzlich alle Ersatzhölzer, unbedingt ausreichend dimensioniert werden, um die statische Belastbarkeit der Gesamtkonstruktion zu gewährleisten; widrigenfalls sind Folgeschäden möglich.

Einsatz von Holzschutzmitteln

Führen konstruktiver Holzschutz und resistente Holzarten nicht zu einer Reduzierung der Gefährdungsklasse und damit der Pilzgefahr, so sind zusätzlich pilzwidrige Holzschutzmittel anzuwenden. Da die Verarbeitung grundsätzlich unter den gleichen Gesichtspunkten wie beim vorbeugenden Holzschutz erfolgt, sei hierfür auf das Kap. 3 (s. S. 53-54, 59-60, 64, 67, 68-69) verwiesen.

Das bedeutet, daß für tragende Bauteile in den Gefährdungsklassen 4 und 3 zur Zeit kein geeignetes natürliches Holzschutzmittel existiert; Holz in den Gefährdungsklassen 2 und 1 hingegen kann zuverlässig mit Borsalzen behandelt werden.

Besondere Gefährdungsstellen des verbleibenden Holzes (z.B. Balkenköpfe, Fußpfetten) sind zusätzlich durch Bohrlochtränkung oder Verpressen durch Druckinjektionen zu schützen. Auch infiziertes bzw. verdächtiges, aber noch unverändert festes Holz, das im Bau verblieben ist, muß in gleicher Weise ›tiefenwirksam‹ geschützt werden.

Mauerwerk im Bereich der Schadstellen ist mit einem Schutzmittel zu behandeln (z.B. Streichen). Im Bereich von Balkenköpfen, Sparrenfüßen, Fußpfetten und, wenn es von Mycel durchwachsen ist, muß eine Bohrlochtränkung oder ein Verpressen durch Druckinjektionen vorgenommen werden. Als Schutzmittel sind grundsätzlich die Borsalze geeignet; sicherheitshalber sollte man sich aber über die Eignung des vorgesehenen Borsalzproduktes auch für das Mauerwerk beim Hersteller erkundigen. Bei Mauerwerk aus Hohlkammersteinen und bei zweischaligem Mauerwerk sind die Hohlräume ausreichend auszuspritzen. Der Sanierungsbereich sollte sich auf 1,50 m in alle Richtungen vom letzten erkennbaren Pilzmycel erstrecken. Je nach Befallsumfang ist die Überlegung ratsam, ob nicht Mauerwerksteile stattdessen besser herausgebrochen und erneuert werden sollten.

Heißluft Alternativ zum Einsatz von Holzschutzmitteln und zu einzelnen konstruktiven Maßnahmen wie Entfernen der befallenen Hölzer bis 30 cm bzw. 1 m über den sichtbaren Befall hinaus läßt sich unter gewissen Umständen das Heißluftverfahren anwenden (s. S. 94-96). Trotz verschiedener erfolgreicher Sanierungen muß hier jedoch darauf hingewiesen werden, daß die Nutzung der Heißluft zur Bekämpfung holzzerstörender Pilze noch nicht allgemein anwendungsreif ist. Vor allem die verfahrenstechnischen Tücken werden von den meisten Unternehmen unterschätzt. Nur in Ausnahmefällen, wenn eine wirklich kompetente Planung der Haupt- und Begleitmaßnahmen sowie eine sorgfältige Überwachung der Ausführung und intensive Kontrolle des Beheizungserfolges stattfinden, ist diese Methode anwendbar – dann allerdings sowohl bei kleinen als auch bei großflächigen Schäden.

5.3 Bekämpfungsmaßnahmen bei Befall holzzerstörender Insekten

Befallsumfang Kriterien für einen aktiven Befall sind also hauptsächlich lebende Tiere (Larven oder Käfer), Auswurf frischen Bohrmehls oder Entstehung neuer Ausfluglöcher. Unerheblicher Befall (d.h. wenige Nagespuren, nur wenige Ausfluglöcher und Fraßgänge, nur ›die eine oder andere‹ lebende Larve) rechtfertigt noch keine umfangreichen Bekämpfungsmaßnahmen. Vor allem bei altem Holz – über ca. 50 – 60 Jahre alt – mit Hausbock und Anobium kann es sich um einen aussterbenden Befall handeln. Die betroffenen Holzteile sind zunächst einmal nur sorgfältig zu beobachten, die weitere Entwicklung der kleinen Population genau zu verfolgen (besonders beim Lyctus wegen der raschen Generationsfolge). Bei Hausbock sollten dazu die betroffenen Holzteile gereinigt und nach ca. 5 – 10 Jahren auf Veränderung des Schadbildes und auf neue Fluglöcher untersucht werden.

Bewegliche, transportable, nicht fest eingebaute Hölzer mit erheblichem Befall sollten beseitigt werden. Eine Bekämpfungsmaßnahme ist nicht immer sinnvoll.

Ist verbautes und mit dem Gebäude/der Konstruktion fest verbundenes Holz von lebendem, zweifelsfrei aktivem Befall durch Trockenholzinsekten von erheblichem Ausmaß betroffen, müssen umfangreichere Bekämpfungsmaßnahmen[8] ausgeführt werden, wenn man die weitere Verbreitung des Befalls vermeiden will.

Fluglöcher und Bohrmehl

Zunächst gilt es, den Befallsumfang festzustellen. Bei Befall durch Nagekäfer (Anobien) und Lyctus kann die Schadensausdehnung in der Regel anhand der Fluglöcher und des sichtbaren frischen Bohrmehlauswurfs festgestellt werden. Bei Hausbockbefall genügt das Absuchen nach Fluglöchern nicht. Mit einem spitzen Gegenstand (z.B. Messer, Schraubendreher) können Holzbauteile quer zur Faser angeritzt werden. Dies führt zum Aufreißen oberflächlicher Larvengänge. Bisweilen können aderartig hervortretende Fraßgänge auch im Streiflicht erkannt werden.

Anbeilen

Hausbockverdächte Holzbauteile ohne Fluglöcher und erkennbare Fraßgänge können mit einem Hammer angeschlagen werden (nur ›gesundes‹ Holz

Abb. 47: Identifizierung von Hausbocklarven und Bohrmehl in Fraßgängen einer aufgespaltenen Holzprobe.

hat einen hellen Klang). Tragende Holzbauteile bzw. ähnliche Vollhölzer, ausgenommen solche mit kleinem Querschnitt wie z.B. Dachlatten, sind an den zugänglichen Kanten (hier liegt i.d.R. das bevorzugte Splintholz) mit einem Beil anzuschlagen; das ist das sog. Anbeilen.

Darüberhinaus sind bei Befallsverdacht auch Tragbalken von Bodenkonstruktionen oder Wänden zugänglich zu machen. Dazu sind Dielung oder Wandbekleidungen soweit zu entfernen, daß auch die gefährdeten Stellen wie Balkenauflager, Fußpfetten, Sparrenfüße oder Aufschieblinge überprüft werden können. Die Arbeit muß sorgfältig erfolgen, vor schwer zugänglichen Bereichen darf nicht Halt gemacht werden.

Vorarbeiten und konstruktive Maßnahmen

Stark zerfressene, vermulmte Teile sind zu entfernen, angeschnittene Fraßgänge gründlich auszubürsten, Holzoberflächen zu säubern.[9] Abgebeiltes Holz, Späne und Bohrmehl sind zu vernichten (z.B. durch Verbrennen). Bei tragenden Hölzern ist der verbleibende Querschnitt unbedingt auf Tragfähigkeit zu prüfen (Statiker oder Bausachverständiger). Unzulässig stark geschwächte Hölzer müssen ersetzt bzw. verstärkt werden; für die dabei verwendeten Hölzer gelten vorbeugende Maßnahmen nach Kap. 3.

Das Alter der Holzkonstruktion ist bei Hausbockbefall zu überprüfen. Bei vor mehr als 60 Jahren eingebautem Holz kann auf eine weitere Behandlung der nicht befallenen und unversehrten Hölzer verzichtet werden.

Lyctusbefall erstreckt sich aufgrund des industriellen Herstellungsverfahrens und der Holzauswahl oft auf vorgefertigte Türen, Türrahmen und Ausbauelemente. Diese werden bei Befall i.d.R. komplett ausgebaut und sicherheitshalber durch lyctusresistente Hölzer (s. S. 30) ersetzt.

Liegt nicht zu starker Nagekäferbefall (Anobium) vor, kann bei ausreichend trockenem Holz unter 12 % Holzfeuchte auf eine weitere Behandlung der nicht befallenen Holzbauteile verzichtet werden.

Die weitere Behandlung der Hölzer erfolgt mit den bewährten natürlichen Holzschutzmitteln oder mit physikalischen Methoden. Nicht befallene Holzbauteile, bei denen keine weitere Behandlung vorgesehen ist, sollten sicherheitshalber regelmäßig hinsichtlich des Auftretens weiterer Insekten überprüft werden.

Einsatz von Holzschutzmitteln

Muß der bekämpfende Holzschutz an verbauten Hölzern, deren Befall tragende und/oder aussteifende Bauteile gefährdet, gemäß Weisung des Auftraggebers bzw. gemäß Baurecht normengerecht nach DIN 68 800 Teil 4 ausgeführt werden, sind keine natürlichen Holzschutzmittel einsetzbar. Die derzeit verfügbaren Naturprodukte besitzen keine in Deutschland gültige Prüfung auf insektenbekämpfende Wirkung. Hier ist man auf das Heißluftverfahren angewiesen (s. S. 92-94).

Die in Deutschland gültigen und angewendeten Prüfvorschriften zur Bestimmung der bekämpfenden Wirksamkeit eines Präparates setzen voraus, daß die Insektenlarven im Holz unmittelbar abgetötet werden; die insektenwidrigen Wirkstoffe sollen Larve bzw. Insekt in *jeder* Entwicklungsphase beeinträchtigen. Dieses Normprüfinventar ist nicht in der Lage, den geänderten und aktuellen wissenschaftlich-technischen Erkenntnisstand ausreichend zu berücksichtigen. Bereits seit längerem bekannte und erfolgreiche Wirkungsmechanismen, die selektiv in bestimmte Entwicklungsstadien eingreifen bzw. die neuartige bekämpfende Holzschutzkonzepte ermöglichen, fallen durch die deutschen Normprüfungen, obwohl sie ihre Leistungsfähigkeit prinzipiell bzw. im europäischen Ausland bereits praktisch unter Beweis gestellt haben.[10]

Überwindung der »veralteten«, unökologischen Prüfvorschriften

Aus ökologischen Gründen muß daher über die chemische Bekämpfung nach der aktuellen DIN 68 800 Teil 4 hinausgedacht werden; bei diesen darüberhinaus auszuführenden Bekämpfungsmaßnahmen können Borsalze zum Einsatz kommen. Der baubiologisch Vorgebildete mag sich wundern, sind doch die Borsalze die klassischen *vorbeugenden* Schutzmittel der Naturfarbenhersteller. In der Tat jedoch gibt es neue Bekämpfungskonzepte mit Borsalzen; die Schweiz hat zudem bereits 1989 als erstes Land für die Sanierung von Altbau-Konstruktionen mit aktivem Hausbock zwei Borprodukte – mit LIGNUM-Gütezeichen (!) – empfohlen.[11]

neues Bekämpfungskonzept mit Borsalzen

Die Bekämpfung mit den eigentlich vorbeugend wirkenden Borsalzen geht davon aus, daß die im Holz verbliebene Population sich zunächst weiter entwickeln kann. Es genügt, wenn die Tiere vor dem Schlupf absterben bzw. keine Folgegeneration mehr bilden können. Dies ist die sog. ›verzögert wirkende Bekämpfung‹. Sie kann überall dort eingesetzt werden, wo die Schädlinge ihre Entwicklung noch abschließen können, aber keine neue Generation mehr bilden dürfen. Dies trifft a) auf älteren oder in statischer Hinsicht nicht besorgniserregend intensiven Hausbockbefall zu sowie b) auf reinen Anobienbefall, bei dem die Populationsdichte vor allem an Konstruktionshölzern nur sehr langsam zunimmt (der Schaden pro Generation ist vergleichsweise gering).[12] Bei Wahl geeigneter Borprodukte kann schweizerischen Erfahrungen zufolge nach einer 6- bis 12-monatigen Inkubation mit einer Sterberate von 85 % gerechnet werden[13]; der Schlupf kann teilweise sogar mit bis zu 100 %iger Sicherheit verhindert werden[14].

Das zu behandelnde Holz ist vor dem Einsatz von Holzschutzmitteln von Rinde und Bast sowie Schmutz und alten Farbanstrichen zu befreien. Die Verarbeitung der Borprodukte erfolgt unverdünnt i.d.R. durch Streichen, Spritzen oder Tauchen. Je nach Hersteller und Formulierung ist eine Aufbringmenge von 250 – 300 g/m^2 einzuhalten; dies ist nur durch mehrere Arbeitsgänge möglich. Nur auf ein oder zwei Seiten zugängliche Holzbauteile sind zusätzlich zur Oberflächenbehandlung durch Bohrlochtränkung oder mittels Verpressen durch Druckinjektionen zu schützen. Auch befallene Balkenköpfe und andere Holzbauteile wie Fachwerkbalken, Fußpfetten, Aufschieblinge und Fußpunkte von Dachsparren sind sicherheitshalber ebenso zu behandeln; das gilt auch für befallene Hölzer, bei denen die vermulmten Teile nicht entfernt worden sind.

Läßt sich wegen zu starken Insektenbefalls oder bei Lyctus keine Borsalzbehandlung mit verzögerter bekämpfender Wirkung anwenden, muß die Bekämpfung mit Heißluft durchgeführt werden (s. S. 92-94). Andere Methoden, die von diversen Unternehmen für die Bekämpfung angeboten werden – z.B. Verkieselung und Kristallisierung von Holz nach »neuartigem Wirkprinzip«, so daß »Schädlinge ... das Holz nicht mehr als solches erkennen« (Herstellerangabe); Anwendung von Holzessig – besitzen bei weitem keine ausreichende Wirksamkeit und können nicht empfohlen werden; vgl. Kap. 8.

Physikalische Insektenbekämpfung

Der Einsatz von Holzschutzmitteln zur Insektenbekämpfung läßt sich substituieren, indem physikalische Bekämpfungsmethoden angewendet werden. Dabei reduziert sich der Aufwand bei den Vorarbeiten. Arbeitsgänge wie Abbeilen des Holzes und Entfernen der zerstörten, vermulmten Bereiche sind lediglich zur Ermittlung des statisch tragfähigen Restquerschnitts notwendig.

Unter Beachtung spezifischer Besonderheiten sind das Heißluftverfahren und die Kältebehandlung gleichermaßen wirksam. Bei Hausbockbefall sowie für tragende und aussteifende Bauteile ist allerdings nur Heißluft empfehlenswert. Näheres zur Ausführung beider Verfahren siehe Kap. 5.4.

5.4 Physikalische Bekämpfungsmethoden

Heißluftverfahren gegen Insektenbefall

Holzzerstörende Insekten benötigen für ihr Leben einen rel. eng begrenzten Temperaturbereich (s. S. 25-31). Bei Überschreitung der maximal zuträglichen Temperatur im Holz tritt eine Entwicklungshemmung ein; bei längerer Dauer oder weiterer Temperaturerhöhung ein vollständiges Absterben der Insekten in allen Lebensstadien (Ei, Larve, Puppe, Käfer). Diese Eigenschaft macht sich das Heißluftverfahren zunutze, bei dem das befallene Holz auf die zur Abtötung der Larven erforderliche Temperatur gebracht wird. Diese Methode hat sich schon seit Jahrzehnten bei der Bekämpfung von Hausbockbefall bewährt. Das erste im großen Stil behandelte Gebäude in Deutschland war die Badeanstalt in Hamburg-Eppendorf im Jahre 1931 (bislang auch ohne chemisch vorbeugende Behandlung kein Neubefall).[15] Heute ist das Heißluftverfahren längst Stand der Technik und damit Bestandteil der DIN 68 800 Teil 4.

Es wird mit Heizgebläsen Heißluft (langsam ansteigend bis 120 °C) in den holzumgebenden Raum eingeblasen. Die Raumlufttemperatur erreicht dabei durchschnittliche Werte von 80 – 100 °C. Das Einblasen erfolgt so lange, bis im Inneren des Holzes eine Temperatur von 55 °C für 60 Minuten Dauer gehalten werden kann. Bei Dachstühlen werden dazu üblicherweise Behandlungsdauern von 4 – 10 Stunden benötigt. Eine kontinuierliche Messung der Temperatur in der Querschnittsmitte der dicksten und wärmetechnisch am ungünstigsten liegenden Holzbauteile und ein Meßprotokoll, das die mit der

Heißluftbehandlung beauftragte Firma zu führen hat, garantieren die Einhaltung der Abtötungsbedingungen.

Im Gegensatz zur Anwendung von Holzschutzmitteln ist bei der Bekämpfung im Heißluftverfahren das Entfernen der vermulmten Holzteile und das völlige Freilegen der Gänge nur zur Abschätzung des Befallsumfanges und der statischen Belastbarkeit des verbliebenen Restquerschnitts notwendig. Keinesfalls müssen alle vermulmten Teile generell entfernt werden.

Befürchtungen, daß im beheizten Raum Baustoffe und Gegenstände aufgrund der hohen Temperaturen zu Schaden kommen, sind unbegründet. Trotz der hohen Lufttemperaturen von bis zu 120 °C an der Oberfläche der beheizten Bauteile treten weder Schäden an elektrischen Leitungen noch an üblichen Isoliermaterialien auf (Voraussetzung ist natürlich, daß hitzeempfindliche Gegenstände entfernt worden sind). Dazu muß die Austrittsöffnung der Zuluftrohre eine ausreichende Entfernung (> 1 m) von leichtentflammbaren Stoffen wie Papier, Pappe und dergleichen entfernt sein. Auch Anstrichschäden werden auf diese Weise vermieden. Eine Brandgefahr des behandelten Holzes besteht nicht. Der Flammpunkt z.B. der Fichte liegt bei ca. 260 °C.

Temperatur im Holz mindestens 55°C

Es muß unbedingt darauf hingewiesen werden, daß die Temperaturen im Holz 55 °C nicht unterschreiten dürfen. Niedrigere Temperaturen erfordern für die Abtötung wesentlich längere Einwirkzeiten. Beispielsweise sind 50 °C

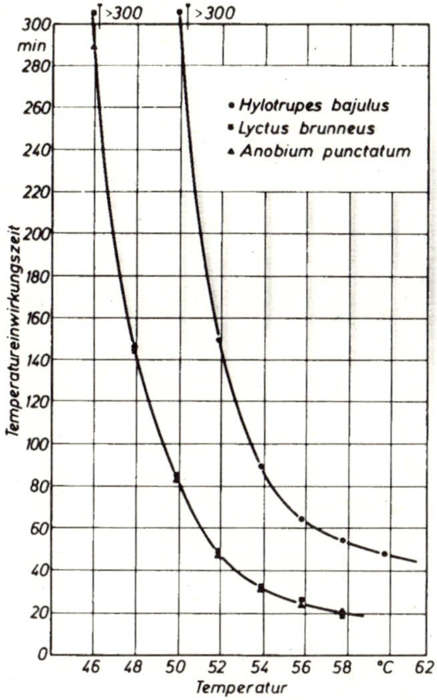

Abb. 48: Hitzeempfindlichkeit größerer Larven unter Einbeziehung der Aufheiz- und Abkühlzeit des Holzes. (Quelle: Becker, Loebe 1961)

gegen Anobien- und Lyctus-Larven nach rund 80 Minuten, gegen Hausbocklarven nach etwa 300 Minuten erfolgreich (vgl. Abb. 48). Das bedeutet, daß Holzteile wie Fachwerkbalken in Außenwänden, Fußpfetten, Balkenköpfe im Mauerwerk, in Blockhäusern etc., die der Heißluft nicht zugänglich sind, nicht im Heißluftverfahren behandelt werden können,[16] es sei denn, der befallene Gebäudeteil wird komplett mit einer Folie verhüllt und die Heißluft dorthinein geblasen. Das Verfahren kann jedoch dann eingesetzt werden, wenn die Heißluft von mindestens zwei Seiten auf die zu behandelnden Holzteile einwirken kann (wie es im Dachstuhl bisweilen der Fall sein kann) und die Abtötungstemperatur in der Querschnittsmitte erreicht wird.

Tragende Holzbauteile, die nach DIN 68 800 Teil 4 saniert werden, müssen aus baurechtlichen Gründen einer zusätzlichen vorbeugenden Holzschutzbehandlung unterzogen werden, weil die vorbeugende Wirkung des Heißluftverfahrens offiziell nicht anerkannt ist. Hierzu muß das Holz abhängig von den Gefährdungsklassen wie in Kap. 3 beschrieben behandelt werden. Liegt außer Hausbockbefall kein sonstiger die Bausubstanz gefährdender Insektenbefall vor, und ist das Holz vor mehr als 60 Jahren eingebaut worden, kann auf eine nachfolgende vorbeugende Behandlung verzichtet werden. Verbautes Holz diesen Alters bietet dem Hausbock keine günstigen Lebensbedingungen mehr und wird i.d.R. nicht befallen.

vorbeugende Wirkung des Heißluftverfahrens

Grundsätzlich kann für die Praxis des Holzschutzes eine vorbeugende Wirkung des Heißluftverfahrens jedoch erwartet werden[17] (wenn sie auch offiziell umstritten ist). Untersuchungen durch das staatliche Materialprüfungsamt Nordrhein-Westfalen, Dortmund, an 95 Gebäuden ergaben an nur drei Gebäuden leichten Hausbockbefall, obwohl sie 30 Jahre zuvor einer Heißluftbehandlung ohne vorbeugende chemische Folgebehandlung unterzogen worden waren.[18] Daraus kann geschlossen werden, daß die Beheizung von Holz dessen Alterungsprozeß beschleunigt, was indirekt einer vorbeugenden Wirkung gleichkäme.

Die Heißluft ist nicht allein bei kompletten Gebäudeteilen wie Dachstühlen einsetzbar, auch einzelne Bauteile oder kleinere Gegenstände werden heute auf diese Weise befallsfrei gemacht. Einzelne Bauteile innerhalb einer Konstruktion können nach Umhüllung mit Folien auch lokal mit Heißluft behandelt werden. Transportable Gegenstände können z.B. in eine Sauna oder in die Trockenkammer einer Schreinerei gebracht werden. Zunehmend mehr gibt es Anbieter, welche spezielle Heißluftkammern mit Luftfeuchteausgleich besitzen, in denen Schränke, Kommoden, Tische, Stühle, Skulpturen und Bilderrahmen ebenso befallsfrei gemacht werden können wie Bücher, Dokumente und sogar alte Teppiche und Trachten.

Heißluftverfahren bei Pilzbefall

Bisweilen wird das Heißluftverfahren auch bei Befall mit holzzerstörenden Pilzen und sogar bei Hausschwammbefall empfohlen, da auch Pilze (Mycel, Stränge, Sporen etc.) durch hohe Temperaturen abgetötet werden können.

Dies erscheint grundsätzlich problematisch. Die zur sicheren Abtötung auch der Pilzsporen notwendigen Temperaturen in der realen Bausituation vor Ort lassen sich oft schwer erreichen, zumal sie in sämtlichen Bereichen des befallenen Holzes und vor allem auch des Mauerwerks und sonstiger Bauteile erforderlich sind. Nur wenige Unternehmen dürften die Kenntnisse von dieser Art der Pilzbekämpfung haben und bereit sein, die notwendige Sorgfalt bei der Ausführung der Arbeiten aufzuwenden. Solange aber nicht alle Sporen in den gefährdeten Bereichen abgetötet werden, sind Auskeimen und Wiederbefall nicht unmöglich.

Gleichwohl sind bereits zahlreiche Objekte z.B. mit Hausschwamm-, Porenschwamm- oder Kellerschwammbefall erfolgreich saniert worden.[19] Neueren Untersuchungen zufolge[20] betragen die Abtötungstemperaturen (in Klammern die notwendigen Einwirkdauern) beim Echten Hausschwamm für

Abtötungstemperaturen für Sporen und Mycel

Mycel	35 °C	(6 h)
	40 °C	(1 h)
	50 °C	(30 min)
und für		
Sporen	60 °C	(32 h)
	80 °C	(4 h)
	100 °C	(1 h)

Mycele (und sicherlich auch Sporen) anderer Schwämme werden bei deutlich kürzeren Einwirkzeiten und ähnlichen Temperaturen abgetötet (Porenschwamm: 58 °C in 60 min; Kellerschwamm: 58 °C in 30 min; Kiefernblättling: 60°C in 60 min). Mit einer gewissen Sicherheitsspanne sogar gegenüber dem temperaturresistentesten Schwamm kann angenommen werden, daß auch das Aufkeimen von Sporen sicher bei 90 °C und 6 h bzw. bei 100 °C und 4 h Einwirkdauer verhindert wird.

Durch Luftbewegung verteilte Flugsporen befinden sich in der Regel im Bereich der Oberflächen von Holz und Mauerwerk. Eine wirksame Reduzierung des keimfähigen Sporenmassenaufkommens kann daher mit der Beheizung der Oberflächen im geforderten Temperatur-/Zeit-Verhältnis erreicht werden.[21] Es erscheint daher nicht nachvollziehbar, den gesamten Querschnitt von Holz und Mauerwerk auf die hohen, für Sporen tödlichen Temperaturen zu bringen.

Verfahrenstechnik und Temperaturkontrolle

Wichtig ist also, mit geeigneten verfahrenstechnischen Methoden die Heißluft auf wirtschaftliche Weise an den Befallsbereich heranzuführen und die erreichten Temperaturen sicher zu kontrollieren. Der Temperaturmessung zur Erkennung von Schwachstellen kommt hier eine noch größere Bedeutung zu als bei der Bekämpfung von Insekten. Die geregelte Führung der Heißluft in alle Befallsbereiche hinein, die Wärmedämmung beheizter Bereiche (Vermeidung von Wärmeleitung z.B. im Mauerwerk) und die Verhinderung von Temperaturerniedrigung durch Luftkonvektion sind sicherzustellen. Bei großen

Abb. 49: Heißlufttransport mittels Aluflexrohren zur Pilzbekämpfung im Dachstuhl (Photo: A. Rudolphi)

Abb. 50: Komplett in Folien eingehüllte Holzkirche zur Verringerung der Wärmeverluste während einer Schwammsanierung (Photo: A. Rudolphi)

Objekten stellt die Kontrolle der Raumthermik ein wichtiges Problem dar. Während der Beheizung muß im gesamten Behandlungsbereich ein geringer Luftüberdruck gewährleistet sein (der sich üblicherweise durch das Einblasen einstellt), um kalte Nebenluft und damit störende ›Kältenester‹ zu vermeiden. Zusätzlich ist eine den gesamten Raum erfassende Kontrolle erforderlich, um Heißluftstau und Bereiche mit kühlerer Luft durch Änderung von Einblasrichtung bzw. Luftabgang zu vermeiden. Dies ist ohne technische Ausrüstung nicht erkennbar; das menschliche Wärmeempfinden ist für eine derartige Kontrolle zu wenig sensibel.

Die Anwendung der geeigneten Warmlufttransport- und Meßtechnik hängt von den Gegebenheiten vor Ort ab und muß in enger Zusammenarbeit und Abstimmung mit dem Architekt und dem Bauherr geplant werden. Abbildungen 49 und 50 zeigen typische Bekämpfungssituationen bei erfolgreich sanierten Objekten,[22] bei denen die konventionelle Bekämpfung teilweise sogar noch teurer gekommen wäre. Bei allen Objekten wurde jedoch ein persönliches Engagement und ein Überwachungsaufwand eingesetzt, der weit über das normale Maß hinausging und daher die konkrete wirtschaftliche Bewertung der Bekämpfung – noch – verhindert.

Schonung alter Bausubstanz

Das Verfahren wirkt sich schonend und erhaltend auf die vorhandene Bausubstanz aus, da sich die Beseitigung der befallenen Holzteile auf die zerstörten und nicht mehr tragfähigen Elemente beschränkt. Dies kann zahlreiche verwahrloste und folglich befallene, sanierungsbedürfte Baudenkmäler retten. Hölzer mit beginnender Zerstörung, jungem Befall oder nicht nennenswert eingeschränkter Tragfähigkeit können im Objekt verbleiben. Nach Abschluß der Arbeiten bringt eine zusätzliche vorbeugende Borsalzbehandlung (vgl. dazu S. 64 und 100-103) weitere Sicherheit.

Kälte

Zur Bekämpfung kälteempfindlicher Insektenlarven in befallenem Holz eignen sich auch niedrige Temperaturen, vulgo die Kälte (wenn diese ›Kältemethode‹ auch nicht mit der offiziellen Holzschutzlehrmeinung übereinstimmt). Es ist bekannt, daß verschiedene holzzerstörende Insektenlarven wie Lyctus und Nagekäfer (Anobium) rel. empfindlich gegen Temperaturen unter 0 °C sind. Temperaturen von -20 °C bei Anobien und von ca. -15 °C beim ursprünglich tropischen und damit frostempfindlicheren Lyctus bieten bereits keine Überlebensmöglichkeit mehr (s. S. 27-31). Ein junger Befall mit empfindlichen Ei- bzw. ›Kleinlarven‹ ist sicher schon bei rel. ›mildem‹ Frost zu bekämpfen.

Transportable Holzgegenstände können daher mehrere Stunden bzw. Tage allseitig kräftigem Frost ausgesetzt werden (z.B. in kalten Winternächten). Bei Möbeln sind Klappen, Schubläden, Türen etc. zu öffnen, damit die Kälte ungehindert Zugang zum Holz hat. Empfindliche Gegenstände sollten gegen Niederschläge abgedeckt werden.

tödliche Minustemperaturen

Versuche an Anobien zeigten ausgezeichnete Erfolge der Anwendung von Kälte: Durch Temperaturen von -13 bis -14 °C wurden frei oder im Holzmehl liegende Larven nach 24 Stunden vernichtet. In 3 cm Tiefe von Holzbalken waren nach 48 h Einwirkdauer Temperaturen von -16 bis -17 °C tödlich. In Kiefernsplintholz reichte in einer Tiefe von 3,5 cm eine Einwirkdauer von 5 – 6 h und -14 °C zur Abtötung der Larven. Ein anderer Versuch wurde einfach im Freien während des Winters bei -5 bis -10 °C Lufttemperatur mit 30 – 40 cm dicken anobienbefallenen Brettern durchgeführt; auch hier wurde kein weiteres Schlüpfen von Käfern mehr beobachtet.[23]

Auch bei frisch angeliefertem Schnittholz mit Lyctusbefall kann z.B. für Schreinereien, Sägewerke oder Holzhandelsunternehmen die Winterlagerung des Holzes in gut durchlüfteten Stapeln im Freien als Bekämpfungsmaßnahme empfohlen werden. Dieses ist allerdings nur in Regionen möglich, »wo in kalten Winternächten Temperaturen unter 0 °C längere Zeit auf die Schädlinge einwirken können.«[24]

5.5 Beseitigung von starken Witterungsschäden und Bläuebefall

Intensive Vergrauung von Holz ist kein Holzschaden. Es handelt sich um oberflächliche Witterungs- und Alterungsspuren außen verbauter Hölzer. Sie sind praktisch sogar ein Beweis für die Abwesenheit holzzerstörender Organismen: Intensive Witterungsspuren zeugen von jahrelanger Wetter- und damit auch Feuchtebelastung; das Bauteil ist bereits lange Zeit diesem Milieu ausgesetzt. Seine unzerstörte Existenz beweist geradezu, daß holzzerstörende Organismen hier auch auf Dauer nicht leben können.

Vergrauung und Witterungsspuren sind kein Holzschaden

Witterungsspuren sind daher kein Anlaß für weitere Bekämpfungsmaßnahmen. Das Holz kann weiterhin unbehandelt bleiben – will man nicht ›das Graue‹ entfernen, dekorativ gestalten und farbige Anstriche aufbringen. Dazu sind alle vergrauten, für eine Beschichtung nicht trag- und haftfähigen Teile bis auf das rohe Holz restlos zu beseitigen (kräftiges Anschleifen). Erst dann können dekorative und wasserabweisende Naturharzöl-Beschichtungen aufgebracht werden. Sind Altanstriche vorhanden, müssen diese vor der Beschichtungsinstandsetzung mindestens bis auf die unzerstörten und intakten Teilbereiche, am besten aber vollständig beseitigt werden.[25]

Bläuebefall

Bläuebefall des Holzes führt ebenfalls nicht zur Holzzerstörung, ist aber ein Indiz für erhöhte Holzfeuchtigkeiten. Bläue im Holz beweist, daß zumindest einmal im Laufe des Holzlebens (z.B. bei der Rund- oder Schnittholzlagerung) pilzförderndes Milieu geherrscht hat. Die blaue Verfärbung (die ›Bläue‹) ist irreversibel; wer sie entfernen möchte, kann dazu nur starke Bleichmittel o.ä. verwenden. Soll verblautes Holz eingebaut und verarbeitet werden, so ist darauf zu achten, daß es nur in trockenen Bereichen verbaut wird. Ist der Bläuebefall erst im eingebauten Zustand aufgetreten, liegt erhöhte Feuchtebelastung vor, evtl. gemeinsam mit einem unsachgemäßen Anstrich. Die Bläuepilze wirken wie Frühindikatoren für eine mögliche Besiedlung durch die ggf. nachfolgend auftretenden holzzerstörenden Pilze. Hier ist unbedingt eine Änderung und Trockenlegung der Konstruktion notwendig, gepaart mit einem kräftig pigmentierten, UV-schützenden Anstrich.

6. Natürliche Holzschutzmittel

6.1 Allgemeines zu natürlichen Holzschutzmitteln

Alternativer, ökologischer oder natürlicher Holzschutz ist heute das Stichwort für zahlreiche umweltbewußte Hand- und Heimwerker, die viel mit Holz umgehen. Dabei möchte man erreichen, daß Holz ebenso wirkungsvoll gegen Organismen geschützt ist wie bislang bei den eher problematischen Schutzmitteln. Gleichzeitig sollen aber keinerlei Gefahren für Mensch und Ökosystem auftreten; vor allem aber sollen die gesundheitsschädlichen Auswirkungen vermieden werden, die schließlich zum Frankfurter Holzschutzmittelprozeß und zur erstinstanzlichen Verurteilung der Geschäftsführer eines namhaften Holzschutzmittelherstellers geführt haben.

Diesem Produktprofil – ausgezeichnete Wirksamkeit bei gleichzeitiger Ungefährlichkeit – zu genügen, ist nicht leicht. Außerdem ist eine wesentliche Konsequenz der Naturgesetze von Energie- und Massenerhalt, auf den Einsatz nichtregenerativer Rohstoffe – und damit, nebenbei bemerkt, auch auf pseudo-natürliche Holzschutzmittel – zu verzichten (vgl. Kap. 1). Es können künftig nur erneuerbare Rohstoffe, die natürlichen Kreisprozessen entstammen, genutzt werden.

Zahlreiche Naturprodukte versprechen eine gute Wirksamkeit, müssen aber noch näher untersucht werden (vgl. Kap. 9). Inzwischen gibt es jedoch schon zahlreiche ökologisch sinnvolle Produkte, die auch qualitativ hochwertig sind und teilweise sogar amtliche Prüfungen und bauaufsichtliche Zulassungen erreicht haben.

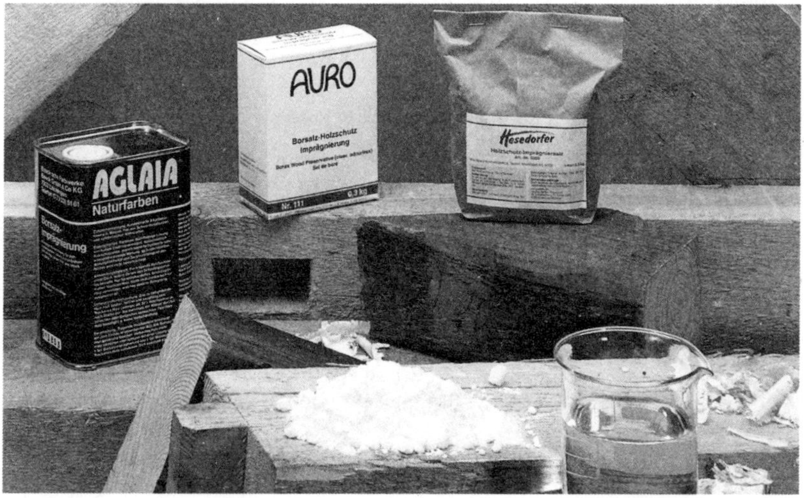

Abb. 51: Holzschutzmittel aus anorganischen Borverbindungen bieten sicheren Schutz vor Pilz- und Insektenbefall.

6.2 Borate

Vorkommen

Das Zauberwort für viele ökologisch orientierte Menschen und die – vermeintliche – Lösung aller Holzschutzprobleme: Borsalz. Das Element Bor ist mit rund 10 – 30 ppm Anteil ein nicht unwesentlicher Bestandteil der obersten Erdkruste; auch im Meer ist es zu etwa 5 ppm enthalten. Für Pflanzen stellt Bor ein lebensnotwendiges Spurenelement dar. In der Natur gibt es zahlreiche Verbindungen dieses Elements. Die wichtigsten sind anorganische Metallborate bzw. Sauerstoffverbindungen des Bor wie z.B. Borsäure oder Borax. Diese Borate werden als Mineral hauptsächlich in Kalifornien (hier gibt es riesige Lagerstätten), Kasachstan, Italien, Nevada, Türkei und Tibet – meist in Salzseen oder deren Ablagerungen – gefunden.

Geschichte

Im Mittelalter, wo Borate weitgehend unbekannt waren, wurde Borax aus Tibet unter der Bezeichnung »Tinkal« als große Kostbarkeit eingeführt. Auch die arabischen Ärzte und Alchemisten kannten bereits das sog. »Tinkar«, hinter dem man das heutige Borax vermutet. Diese Mineralien waren in der Alchemie und beim Legieren von Metallen sehr begehrt, später auch in der Metall- und Glasverarbeitung, in der Keramikindustrie, beim Emaillieren und seit Beginn dieses Jahrhunderts – ausgehend vor allem von den USA – auch in Wasch- und Reinigungsmitteln, Tanzbodenglätte, Flammschutz-, Konservierungs- und Desinfektionsmitteln und sogar als Zusatz für mineralische Dünger in der Landwirtschaft. Haupterzeugerländer für Borax sind heute die USA, Türkei, Rußland, Kasachstan, China und Argentinien.

Bor im Holzschutz

Erst Mitte dieses Jahrhunderts ist man sich über die Wirksamkeit des Bors gegenüber holzzerstörenden Organismen klar geworden, parallel mit der zunehmenden Bedeutung des Schutzes von Bauholz im Hochbau. Zuvor war die Holzschutzindustrie hauptsächlich mit der Konservierung von im Freien verbautem Holz (z.B. Eisenbahnschwellen, Leitungsmasten) beschäftigt, wofür Borate wegen der Auslaugbarkeit tatsächlich nicht geeignet sind. Umfangreiche Untersuchungen in Laboratorien in England, Australien und Neuseeland erwiesen schließlich die hervorragende Wirksamkeit gegen holzzerstörende Insekten und gegen Pilze. Leider fand die Wertschätzung, die Borate als wasserlösliches Schutzmittel für Bauholz seit Jahrzehnten im englischsprachigen Raum genossen, in Deutschland kein Echo. Hier nahm das erheblich giftigere Fluor lange die Spitzenstellung bei wasserlöslichen Holzschutzmitteln ein.

Produkteigenschaften

Borax und Borsäure – einzeln oder gemischt – und das daraus gewonnene Polybor sind diejenigen Borate, die im Holzschutz heute am meisten interessieren. Es sind mineralische Salze, die ein Aussehen etwa wie sehr feines Kochsalz oder relativ grober Puderzucker haben. Als Salze sind sie wasserlöslich und werden zur Anwendung daher in Wasser aufgelöst. Zusammen mit anderen Metallsalzen (wie Kupfer-, Fluor- oder Chromsalzen) bilden Borverbindungen die Gruppe der wasserlöslichen Holzschutzmittel, die i.d.R. von handwerklich oder industriell arbeitenden Betrieben angewendet werden.

Als herausragende Vorteile der Borverbindungen können ihre gute und vielseitige vorbeugende Wirksamkeit gegen Insekten und Pilze, ihre geringe Toxizität für Menschen und Haustiere und das Fehlen von Eigengeruch und Gasphase (Dampfabgabe) genannt werden. Borverbindungen gehören zu den ganz wenigen Schutzmitteln, die auch kurz nach der Behandlung des Holzes darauf lagerndes Obst nicht beeinträchtigen. Ihre Toxizität ist derjenigen von Kochsalz vergleichbar. Sie sind also nicht »ungiftig« (auch Kochsalz kann, in größeren Mengen genossen, tödlich wirken), doch stellen sie die zur Zeit mit Abstand ›harmlosesten‹ Holzschutzmittel dar. Dieser Umstand, die natürliche Herkunft und ihre Anwesenheit als Spurenelement in der Erdkruste, im Wasser und sogar in Pflanzen machen Borverbindungen in der Meinung vieler zum natürlichen und ökologischen Holzschutzmittel Nr. 1 – sofern sie nicht mit Stoffen synthetischer Herkunft verschnitten sind.

hervorragende Wirksamkeit bei geringer Toxizität

Als Nachteil der Borverbindungen muß die Unbeständigkeit gegen Wassereinflüsse genannt werden. Borsalze bleiben, weil nicht durch Chrom chemisch an der Holzfaser fixiert, auch nach der Imprägnierung des Holzes wasserlöslich. Sie können bei Beregnung oder auch bei ständig hoher Holzfeuchte durch Diffusion ausgelaugt werden, so daß eine Verwendung im Freien und unter dauerfeuchten Bedingungen nicht in Betracht kommt. Dies reduziert ihre Anwendbarkeit deutlich. Borverbindungen sind daher nur für witterungsgeschütztes Holz unter Dach einsetzbar. Bewitterung des zwar imprägnierten, jedoch nicht weiter geschützten Holzes soll auch während der Bauphase z.B. eines Dachstuhles unterbleiben, widrigenfalls – so verlangen es die Regeln der Bautechnik – muß das Holz nachbehandelt werden.

Unbeständigkeit gegen Wasser

nur für Holz unter Dach

Wichtig ist auch die Löslichkeit verschiedener Borate in Wasser, da von ihr die praktische Handhabbarkeit abhängt. Diese maximale Aufnahmemenge in Wasser ist je nach der Art der Borverbindung höchst unterschiedlich: In 1 Liter Wasser von 20 °C können rund 50 Gramm Borsäure und Borax, doch weit über 100 Gramm Polybor gelöst werden. Das bedeutet, daß bei Verwendung von reinem Borax anstelle fertig angemischter hochlöslicher Borverbindungen mehr als doppelt so oft zu streichen ist, um den geforderten Mindestschutz (meist 30 – 50 Gramm Salz pro m^2 Holzoberfläche) zu erreichen. Reines Borax, von uneinsichtigen Baubiologen noch immer empfohlen, sollte daher im Holzschutz nicht in Betracht gezogen werden.

Löslichkeit von Boraten

In Stichworten lassen sich die Eigenschaften wie folgt zusammenfassen:

- hervorragende Wirksamkeit gegen holzzerstörende Pilze und Insekten;
- bei Auswahl geeigneter Borate gute Wasserlöslichkeit;
- Mindergiftigkeit;

- ohne chemische Zusatzstoffe ökologisch einwandfreies Holzschutzmittel;
- Auslaugbarkeit unter nachträglichem Wassereinfluß;
- nur witterungsgeschützt unter Dach zu verarbeiten.

Amtliche Prüfung und Zulassung

Wirksame Holzschutzmittel für tragende Holzbauteile (wie Dachsparren und Deckenbalken) besitzen eine allgemeine bauaufsichtliche Zulassung des Deutschen Instituts für Bautechnik, der gewissermaßen amtliche Nachweis der Wirksamkeit. Wurden Borpräparate vor allem der Naturfarbenhersteller noch vor 10 Jahren verlacht und als minderwertige Schutzmittel angesehen, so hat sich deren Wertschätzung deutlich gewandelt. Die stark zunehmende Zahl an Borpräparaten auch von Anbietern konventioneller Holzschutzmittel ist ein Indiz dafür, daß Borverbindungen heute auch in Deutschland vollkommen und weithin akzeptierte Holzschutzmittel sind: Etwa 50 % aller neuen amtlichen Zulassungen für Holzschutzmittel gehen an Borverbindungen. Sie tragen i.d.R. die Prüfprädikate P und Iv, sind also geeignet für den pilzwidrigen und insektenvorbeugenden Schutz von Holz.

Die allgemeine bauaufsichtliche Zulassung wird durch das sog. ›Ü-Zeichen‹ (Übereinstimmungszertifikat) bestätigt; das ›Ü‹ wird unübersehbar auf den Gebindeetiketten abgebildet. Auf Borsalze ohne Prüfzeichen sollte man sich nicht verlassen. Ökologisch orientierte Verbraucher sollten besonders auch auf die Volldeklaration sämtlicher Inhaltsstoffe achten.

Von verschiedenen Anbietern wird auch die Insektenbekämpfung mit Borsalzen empfohlen. Hierfür gibt es zwar keine in Deutschland geltende bauaufsichtliche Zulassung, doch unter den im Kapitel 5.3, S. 91 genannten Voraussetzungen (verzögerte Wirksamkeit, Entwicklung noch einer Generation von Insektenlarven mit anschließender Schlupfverhinderung) läßt sich auch hier eine Bekämpfung mit Boraten durchführen.

Anwendungsgebiete und Verarbeitung

Entsprechend ihrer nachträglichen Wasserlöslichkeit und Auswaschbarkeit erstreckt sich die Anwendung der Borpräparate auf witterungsgeschütztes Holz ohne Auslaugbeanspruchung. Nach der für den Holzschutz gültigen DIN 68 800 dürfen sie in den Gefährdungsklassen 1 und 2 angewendet werden. Das heißt mit den Worten der DIN:

- Innenbauteile (wie z.B. Innenwände und Geschoßdecken) und Außenbauteile, bei denen das Holz praktisch dem Raumklima ausgesetzt ist (z.B. die Sparren eines Daches, sofern sie von der Raumseite her vollends sichtbar sind, und die oberseitige sichtbare Schalung solcher Dächer);
- Holzbauteile in Naßbereichen (wie z.B. Duschen), sofern sie wasserabweisend abgedeckt sind;
- Außenbauteile ohne unmittelbare Wetterbeanspruchung (z.B. Außenwände und Dächer mit nicht sichtbaren Holzbalken, sofern die Außenschalung bzw. Dachdeckung den Kontakt der behandelten Hölzer mit Niederschlägen wirksam verhindern kann.

Bei gutem konstruktiven Holzschutz haben sich Borsalze nach Erfahrungen konsequenter Naturfarbenhersteller – und im Gegensatz zur Ansicht der DIN – auch für Außenbauteile wie z.B. Fenster bewährt, die gelegentlichem Schlagregen ausgesetzt sind. Voraussetzungen sind allerdings ausreichender Dachüberstand, möglichst eingeschossige Bauweise, Fenster in einer Laibung angeschlagen und nicht fassadenbündig, Fensterprofile wasserableitend ausgebildet, sorgfältiger wasserabweisender Anstrich.

Borsalze zur handwerklichen und industriellen Anwendung

Borsalze eignen sich zur handwerklichen und industriellen Anwendung. Gelegentlich werden sie vom Hersteller verwendungsfertig in wässriger Lösung geliefert, meist jedoch sind sie vor der Verarbeitung in Wasser aufzulösen. Die Schutzmittel sind geeignet für die Kesseldruckimprägnierung und Trogtränkung sowie auch zum Tauchen und Streichen. Spritzen und Sprühen ist wegen der Sprühverluste nur in stationären Anlagen (z.B. Sprühtunnel) zulässig. Beim Streichen und Spritzen ist meist ein zweimaliger Arbeitsgang notwendig. Die Lösungskonzentration in Wasser und die Einbringmenge im Holz hängen von der jeweiligen Rezeptur ab; daher ist den entsprechenden Empfehlungen des Herstellers besondere Aufmerksamkeit zu widmen.

6.3 Holzteer

Gewinnung

Warum ließen die Feldherren des Gaius Julius Caesar bei der Belagerung der Stadt Alesia in Gallien die Pfähle der Fallgruben ankohlen, wie es in »De bello gallico« beschrieben wird? Warum verfuhren später z.B. Portugiesen und Engländer mit den Planken ihrer Kriegsschiffe auf die gleiche Weise? Man benutzte dieses recht einfache Verfahren, um die Lebensdauer der Hölzer zu verlängern. Durch das kontrollierte Verschwelen der äußeren Holzschicht blieb die statische Tragfähigkeit erhalten, und die Resistenz gegen holzzerstörende Schädlinge nahm zu.

Praktische Erwägungen und eine geringe Effektivität lassen das alleinige Ankohlen als zeitgemäße Holzschutzmaßnahme wenig sinnvoll erscheinen, zumal es sich im Freilandversuch an Zaunpfählen erwies, daß die heutigen Anforderungen an eine vorbeugend wirksame Holzschutzbehandlung nur unvollkommen erfüllt werden[1]. Durch das Ankohlen bilden sich – wenn auch im geringen Maße – ölig-teerige Substanzen im Holzinneren, die eine mindestens fungizide (pilz- bzw. fäulniswidrige) Wirkung besitzen. Dies ist der holzschützende Holzteer; den chemischen Umwandlungsprozeß der Holzsubstanz, durch den der Holzteer entsteht, nennt man trockene Destillation.

trockene Destillation von Holz

Die trockene Destillation von Holz ist ein Vorgang, bei dem die Holzmasse unter Luftabschluß allmählich erhitzt wird; dabei darf keine offene Flamme entstehen. Die Holzmasse verkohlt und zersetzt sich, wobei sich eine Vielzahl von flüchtigen Zersetzungsprodukten bildet. Diese flüchtigen Stoffe werden in einem Kühler kondensiert. Auf diese Weise erhält man nacheinander diverse farblose bis gelbliche wässrige und ölige Flüssigkeiten, die allmählich braun und zuletzt schwarz werden. Mit dieser Farbveränderung geht eine Änderung der Konsistenz einher, so daß die zuletzt kondensierten Substanzen wie Pech im Kühler erstarren. Die Restmasse des erhitzten Holzes ist reine Holzkohle.

Destillationsprodukte

Auf diese Weise entstehen verschiedene Destillationsprodukte:

- das flüchtige und leicht brennbare Holzgas (es wurde während des 2. Weltkriegs und danach z.B. zum Antrieb von Kraftfahrzeugen verwendet);
- der rohe Holzessig, aus dem wiederum Methanol und Essigsäure gewonnen werden können (er kann noch ca. 10 % gelösten Holzteer enthalten);
- der Holzteer, durch dessen Destillation wiederum sog. leichte und schwere Teeröle sowie als fester Rückstand das Holzpech entstehen.

Ausbeute

Die Ausbeute an Holzkohle, Gasen, Teeren und anderen kondensierbaren Stoffen hängt sowohl von der Holzart als auch vom Tempo des Verkohlungsvorgangs ab. Bei raschem Erhitzen enthält man im allgemeinen mehr Gase, bei langsamem mehr Holzkohle und i.d.R. zumeist mehr Holzteer. Ebenso destillieren bei niedrigerer Verschwelungstemperatur mehr Essigsäure, Holzalkohol und Teer, während die Menge an Holzkohle geringer ist. Buche, Birke und andere Laubhölzer geben mehr Holzessig, Nadelhölzer hingegen mehr terpentinhaltigen Teer; hier kann die Ausbeute auf 12 - 16 % der eingesetzten Holzmasse steigen. Die Buche, die aus Gründen der Verfügbarkeit und wegen der guten Teerqualitäten heute bevorzugt wird, liefert je nach Verkohlungsgeschwindigkeit etwa 5 – 6 % Holzteer.

Noch Anfang des 19. Jahrhunderts bediente man sich zur Gewinnung von Holzteer »eines stehenden Cylinders von Eisenblech, ... um denselben ... in kleinem Abstand ein anderer Cylinder gemauert (ist), so daß nun zwischen beiden gefeuert werden kann«; es läßt sich die Hitze besser regulieren und es geht weniger Teer verloren.[2] Bald setzte man das Holz auch in gemauerten Meileröfen und schmiedeeisernen Retorten der Hitze aus, welche außen durch Verbrennung von Holz oder Kohle erzeugt wurde. Das Holz wird dabei auf 275 °C erhitzt, anschließend steigt die Temp. von selbst auf 350 – 400 °C (der Verschwelungsprozeß erfolgt exotherm). Die Verkohlung findet heute in modernen Großraumretorten mit einem Kohlraum von ca. 100 m^3 statt. Die Zufuhr des Buchenholzes und der Heizgase erfolgt von oben, ebenso der Verkohlungsprozeß, der von oben nach unten von einer Absaugvorrichtung im Retortenboden gesteuert wird. Die Verkohlungsdauer beträgt etwa 12 – 18 Stunden. Rund 99 % der Verkohlungsprozesse erfolgen heute in Großraumretorten.[3]

Verkohlung in modernen Großraumretorten

Inhaltsstoffe des Holzteers

Aus den flüssigen Rohdestillaten des Holzes (z.T. auch als Rohholzessig bezeichnet) scheidet sich durch weitere Destillation – wie beschrieben – der Holzteer ab. Der Aufarbeitungsschritt Vakuumdestillation führt zum sogen. Extraktionsteer, der im wesentlichen der Cellulose und der Hemizellulose entstammt. Er ist wasserlöslich, enthält viel Zucker und zuckerartige Verbindungen sowie Valerolacton, Maltol (als Geschmacksverstärker bei Süßwaren geeignet) und Methylcyclopentenolan (zur Aromatisierung von Getränken und Konfekt verwendet).

Bei der Entgeistung, einer anderen Aufarbeitungsmethode, scheidet sich ein Holzteer von aromatischem Charakter ab (Büttenteer oder Ligninteer), der kaum in Wasser löslich ist. Er riecht stark rauchig-brenzlig und ist ein Gemisch von Phenolen, Guajakol, Kresolen, Xylenolen, Pyrogalloldimethylether, Fettsäuren sowie deren Estern, Ketonen und Alkoholen, hochsiedenden Paraffinen, Pech, verhältnismäßig wenig aliphatischen und aromatischen Kohlenwasserstoffen sowie weiteren ca. 300 verschiedenen chemischen Substanzen. Durch Destillation wird er in eine Reihe von sogen. Fraktionen zerlegt. Bei 100 – 120 °C destilliert ein Gemisch von Essigsäure und holzgeisthaltigem Wasser, auf dem leichtere Öle schwimmen, die man als Motorkraftstoff verwenden kann. Die Fraktion bis 270 °C stellt das schwere Buchenholzteeröl dar, aus dem in einem separaten Arbeitsgang Kreosot gewonnen wird. Dies ist eine farblose, am Licht allmählich gelb werdende, stark lichtbrechende Flüssigkeit von öliger Konsistenz und rauchigem Geruch, deren Siedepunkt zwischen 205 und 240 °C liegt. Hauptbestandteile sind Kreosol, Para-Kreosol, Guajakol, Phenole und Phenolether. Heute findet Kreosot Verwendung bei der Herstellung pharmazeutischer Präparate, früher wurde es in der Medizin und auch zur Desinfektion sowie zur Schnellräucherung von Fleischwaren verwendet. Die schweren Teeröle werden als Flotations- und Imprägnieröle sowie als Inhibitoren der Verharzung bei flüssigen Brennstoffen verwendet. Bei weiterer Destillation enthält man hochsiedendes Teeröl und als Rückstand Holzpech (Verwendung: Herstellung von Glühbirnendrähten, Isolierplatten).

schweres Buchenholzteeröl

Die schweren Teeröle bzw. die Vielzahl und das Zusammenwirken ihrer Bestandteile sind verantwortlich für die holzschützende Wirkung. Gerade der Buchenholzteer ist im Vergleich mit anderen Holzteeren reich an Kreosot, d.h. reich an Kresolen, Kreosol, Guajakol, und arm an Phenol. Daher ist er für Holzschutzzwecke besser geeignet als die Teere anderer Holzarten.

Toxikologische Bewertung

Eine ähnliche Entstehung sowie ähnliches Aussehen und Geruch führen immer wieder zur Vermutung, ja sogar zum Vorwurf, daß Holzteer in toxikologischer Hinsicht ebenso zu bewerten ist wie die eindeutig krebserzeugenden Steinkohlenteeröle (Carbolineen). Hierzu sind einige Hintergrundinformationen notwendig.

Die Verschwelung organischer Substanz (z.B. das Rauchen) geht immer einher mit der Bildung polyzyklischer aromatischer Kohlenwasserstoffe

polyzyklische aromatische Kohlenwasserstoffe

(PAK), zu denen einige stark krebserregende Substanzen wie z.B. das Benzo-a-pyren gehören, die Leitsubstanz für das Vorhandensein von PAK's. Diese PAK entstehen auch bei der Verschwelung von Holz und z.B. bei der Destillation der Steinkohle. Jedoch spielen die Bedingungen der Herstellung von Teeröl eine wichtige Rolle bei der Entstehung dieser Begleitsubstanzen. Die Gewinnung des Buchenholzteers geht heute, wie beschrieben, bei Temperaturen von 250 °C bis max. 500 °C vor sich, wodurch sie sich wesentlich von der Gewinnung des Steinkohlenteers bei ca. 1000 °C unterscheidet. Das Einhalten relativ niedriger Verschwelungstemperaturen um 500 °C erlaubt das Gewinnen benzo(a)pyren-armer Produkte.[4] Hohe Reaktionstemperaturen hingegen fördern die Bildung der PAK. Das erklärt, daß im Buchenholzteer nur etwa 1,5 – 3,0 ppm[5] Benzo-a-pyren gefunden werden, während Steinkohlenteeröle bzw. handelsübliche Imprägnieröle (Carbolineen) mit ca. 250 – 3500 ppm die bis zu tausendfache Menge an krebserregenden Substanzen besitzen.[6] Unter verschiedenen Holzarten schneidet im übrigen die Buche hinsichtlicht weiterer entstehender problematischer Pyrolyseprodukte (phenolische Substanzen) am günstigsten ab;[7] sie ist phenolarm.

Benzo-a-pyren

Buchenholzteer weist also einerseits nur äußerst wenig der potentiell kritischen Bestandteile auf. Andererseits enthält er, wie viele schonend gewonnenen Naturstoffe, gleichzeitig auch gegensätzlich wirkende Substanzen, die die problematische Wirkung unmittelbar wieder aufheben: Das ›Gegengift‹ wird also vom Buchenholz ›frei Haus‹ gleich mitgeliefert.

Das zeigt, daß eine isolierte Betrachtung einzelner, durch chemische Analyse gefundener Substanzen nicht möglich ist, ohne die Gesamtheit zu betrachten: Diese Gesamtheit der anderen Stoffe ist auch immer gleich mit anwesend; isolierte Substanzen und isolierte Wirkungen kann es nicht geben. Grundsätzlich ist die Bewertung eines überaus vielfältig zusammengesetzten natürlichen Gemisches, wie es der Holzteer darstellt, anhand einer Betrachtung von Einzelsubstanzen nicht möglich; es kommt immer auf die Wirkung der Summe an. So ist nachgewiesen, daß die äußerst komplexen Stoffgemische, die bei der Verschwelung organischer Materie entstehen, »soweit bisher überprüft, nebeneinander und in sehr unterschiedlichen Anteilen krebserzeugende Komponenten, die Krebsentstehung fördende Verbindungen sowie bei gleichzeitigem Einwirken die Krebsentstehung hemmende Anteile« enthalten.[8]

Konservierung von Lebensmitteln

Buchenholzteer und Räucherrauch werden daher bereits seit Jahrzehnten in der Lebensmittelindustrie zur Konservierung von Fleisch- und Wurstwaren genutzt, um das klassische Katenräuchern zu ersetzen. Bei diesem Verfahren schlägt sich in nicht unerheblicher Menge Holzteer auf den Räucherwaren nieder. »Es wird außerdem seit langem angestrebt, die Effekte der Räucherung über die Anwendung von flüssigen oder festen Räucherpräparaten zu erreichen«[9] – das wäre z.B. das ›Anstreichen‹ der Fleisch- und Wurstwaren mit Holzdestillaten und damit mit Holzteer. Die zwangsläufige Schlußfolgerung:

Öko-Test-Magazin: «empfehlenswert«

Eine Verarbeitung als Holzschutzmittel muß daher, zumal das behandelte Holz nicht verzehrt wird, erst recht ohne weitere toxische Bedenken gesehen werden.[10] Das Öko-Test-Magazin stuft die Buchenholzteer-Produkte der konsequenten Naturfarbenhersteller aus der Arbeitsgemeinschaft Naturfarben (AGN) denn auch uneingeschränkt als »empfehlenswert« ein.[11]

Trotz dieser Erkenntnisse ist durch die Gefahrstoffverordnung, welche die strikte Reglementierung der Steinkohlenteeröle zum Ziel hat, der Holzteer in Sippenhaft genommen worden und in seiner Anwendung bei Holz unverständlicherweise stark reglementiert worden (s. S. 111-112).

Geschichte

Es waren nicht die auch in holztechnischen Dingen versierten Römer, die die Holzschutz-Methode des Ankohlens (und damit der Teererzeugung im Holz - inneren) einführten; Caesars Feldherren handelten bereits einer langen Tradition gemäß. Schon in vorgeschichtlichen Pfahlbauten der Steinzeit hat man angekohlte Rammpfähle gefunden. Funde von angekohltem Tamariskenholz im Wadi Quena und im Gebiet der Fayum-Wüste aus einer Zeit um 5000 v.Chr. bestätigen diese Technik. Das vielleicht berühmteste Bespiel aus dem Altertum für eine solche Holzschutzmethode ist eines der sieben Weltwunder der Antike: das Heiligtum der Diana in der kleinasiatischen Handelsstadt Ephesus, für dessen Fundamentgründung angekohltes Holz verwendet wurde, während die heilige Statue selbst auf einem angekohlten hölzernen Podest stand. Die verhältnismäßig lange Dauerhaftigkeit angekohlten Holzes ließ sich auch im Rahmen archäologisch-botanischer Forschungen nachweisen, da manche Holzarten aus prähistorischer Zeit fast nur im angekohlten Zustand bzw. als Holzkohle bis in die Gegenwart überdauerten.

Holzteer bereits in der Antike

In der Antike war bekannt, daß die holzkonservierende Wirkung dem Holzteer zuzuschreiben ist. Daher verwundert es nicht, daß man diesen Stoff genau kannte und ihn zu nutzen wußte. Die Anwendung ist vielfach überliefert – dabei waren vermutlich nicht nur die holzkonservierenden Eigenschaften der Teere und Peche gefragt, sondern auch ihre abdichtende Wirkung gegen eindringendes Wasser (›verpichen‹). Griechen und Römer verwendeten einen sog. ›Holzteer‹ zum Bestreichen von Schiffsböden und zur Konservierung sonstiger hölzerner Schiffsteile, aber auch zum Schutz von hölzernen Dächern. Es handelte sich hier aber teilweise auch um Naturasphalt und Bitumen, welches lt. Überlieferung des Gilgamesch-Epos die Völker Mesopotamiens zum Schutz ihrer Boote und Schiffe einsetzten. Mit zunehmender Bedeutung der Holzkohle in der antiken Metall- und Glasgewinnung stieg auch die Produktion von Holzteer, welcher schließlich Asphalte und Bitumen aus der Holzbehandlung verdrängte, nicht zuletzt auch aus politischen Gründen. Die Römer machten sich durch ihren ungehemmten Expansionsdrang die östlichen Völker, die nur als Bitumenlieferant in Frage kamen, zum Feinde und stoppten schließlich die Bitumenimporte.

Die ausgedehnte Verwendung von Holzteer und -pech zeugte sowohl von

frühe Kenntnisse der Holzteergewinnung

guter Kenntnis der Verfügbarkeit als auch der Gewinnung und Herstellung aus verschiedenen Holzarten. Die Hauptproduktionsorte des Römischen Reiches lagen in Kalabrien, Turdetanien und in den Alpen. Wenig später schon war die Holzteergewinnung auch in Skandinavien bekannt, insbesondere in Norwegen und Schweden. Mit dem Niedergang des Römischen Reiches nahmen die Kenntnisse der Holzzerstörung, des Holzbaus und des Holzschutzes ebenso ab wie die Bedeutung des Holzteers in der Holzkonservierung, letztlich auch dank des wachsenden Einflusses der Kirche und ihrer Dogmen: Das Interesse und die Beschäftigung mit natürlichen Zusammenhängen war überflüssig, wenn nicht gar verwerflich; alte arabische Schriften und wissenschaftliche Erkenntnisse waren verpönt.

Holzteer im Schiffsbau

Bis zum Spätmittelalter hatten sich die bedeutendsten Produktionszentren für Holzteer nach Skandinavien verlagert. Teer und Pech wurden wichtige Handelsgüter im Ost-West-Verkehr der Nord- und Ostsee, Pech war bis ins 17. Jahrhundert das einzige Exportgut aus den Wäldern am Golf von Finnland und wurde eines der ersten Exportgüter Nordamerikas. Auch in Deutschland muß die Bedeutung von Holzteer – Hauptanwendungsgebiet immer noch der Schiffsbau – bekannt gewesen sein, trotzdem ließen die Holzkohle erzeugenden Köhler den entweichenden Verschwelungsprodukten zunächst meist ungenutzt ihren Lauf. Es gibt vielmehr Anzeichen dafür, daß Holzteer eigens, unabhängig von der Gewinung von Holzkohle, erzeugt wurde. Die Teerschwelerei und Pechbrennerei erlebte wieder einen Aufschwung mit dem Schiffsbau, insbesondere zur Zeit der englischen, spanischen und französischen Flotten. Man erkannte schließlich, daß sie sich mit der Köhlerei kombinieren ließ: Der bei der Verkohlung harzreicher Holzarten destillierende Holzteer konnte in einem um den Kohlenmeiler laufenden Graben gesammelt werden.[12]

Holzteer, Köhler und Waldgewerbe

Durch das Wachstum der Eisenproduktion und den Bedarf an Holzkohle rückte die Köhlerei ihrerseits am Beginn der Neuzeit rasch an die Spitze der Waldgewerbe. Obwohl die Köhler, Pechbrenner, Glasmacher und Pottaschesieder bis zum 19. Jahrhundert in vielen Gegenden zu den wichtigsten Waldnutzern gehörten, war ihre Stellung innerhalb der gesamten Waldwirtschaft sehr umstritten. Ob jedoch von den Forstverwaltungen geschätzt oder nicht, sie konnten auch unwegsame Wälder zu Geld machen dank der Volumenreduktion, die das Holz beim Verwerten erfuhr, und die einen leichten Transport des jeweiligen Waldproduktes ermöglichte. So hatten diese Gewerbe durchaus ihren Platz in der Forstwirtschaft behaupten können; insbesonders die Teerschweler und Pechbrenner konnten sonst unverwertbare Stubben, Wurzeln und Zweige der Bäume verwenden und somit zur Reinigung des Waldes beitragen.

Als die chemische Industrie, namentlich die der Farben, Medikamente und Sprengstoffe, sich zu entwickeln begann, wurden auch andere Begleitstoffe der Holzverschwelung wirtschaftlich wichtiger. Holzdestillate dienten nicht nur als Anstrichmittel für Schiffe, Holzgeräte, Taue, Dachpappe usw. (Stockholmer Teer, Schwedischer Teer), sie eigneten sich auch als Beleuchtungsmaterial, Lösungsmittel und billiger Rohstoff für Firnisse, Lacke und Ölfarben (Kienöl) sowie als Ausgangsprodukt für Wagenschmiere, Medikamente und Arzneien; Birkenrindenteer diente zudem zur Bereitung des Juchtenleders. Die Entwicklung von Destillaten des Steinkohlenteers verdrängte schließlich den Holzteer aus angestammten Anwendungsgebieten.[13]

Holzteer im Holzschutz

Noch bis zur Mitte dieses Jahrhunderts wurde der Holzteer als Holzschutzmittel empfohlen: »Der bei der trockenen Destillation des Holzes erhaltene Teer ist ein gutes Holzschutzmittel, nachdem er ... auf die erforderliche Dünnflüssigkeit gebracht worden ist.«[14] Er sei neben Carbolineum das beste Holzkonservierungsmittel; in Schweden wurde ein Holzschutzmittel mit 45– 65 % Holzteer als Wirksubstanz patentiert, ebenso werden deutsche Patente beschrieben, nach denen man z.B. »ein Holzimprägnierungsmittel durch Verwendung eines Holzteeres (erhält), der 40 – 70 % Kreosot enthält«.[15] Die höhersiedenden Holzteer-Bestandteile (es wird namentlich der Buchenholzteer erwähnt), die Schweröle, »konservieren Holz noch besser als die Schweröle des Steinkohlenteers«.[16]

frühe Patente

Neben älteren Veröffentlichungen zeigen vor allem die aktuellen, differenzierteren Beschreibungen der Holzteer-Destillation[17] die Vielfalt der entstehenden Substanzen und der nutzbaren Produkte und erlauben, die Zusammenhänge der holzschützenden Wirkung von Holzteer besser einzuschätzen.

schwere Buchenholzteeröle zur Holzkonservierung

Es sind heute schwere Buchenholzteeröle verfügbar, die mit einem Siedebereich von 98 – 260 °C zur Holzkonservierung eingesetzt werden können. Verschiedene Kondensate und Fraktionen des Buchenholzteers wurden in jüngster Zeit systematisch auf ihre holzschützenden Eigenschaften untersucht. Eine fungizide Wirkung wurde festgestellt (wenn auch die im Versuch eingebrachten Teerölmengen im Holz für eine amtliche Zulassung noch nicht ausreichend waren).[18] Detaillierte Ergebnisse und Untersuchungsmethoden sind jedoch noch nicht veröffentlich worden. Es ist nicht bekannt, mit welchen Fraktionen gearbeitet wurde, daher ist eine abschließende Bewertung dieser Erkenntnisse noch nicht möglich.

weiterführende Untersuchungen notwendig

Obwohl noch ergänzende Untersuchungen zur fungiziden Wirksamkeit und zu Anwendungsverfahren anzuregen sind, so ist bereits jetzt klar, daß im Rahmen der gesetzlichen Vorschriften (s. S. 111-112) der Holzteer eine wesentliche Rolle als Substitut für die toxikologisch höchst problematischen Steinkohlenteeröle (Carbolineen) spielen kann. In Schweden werden Außenfassaden bereits wieder mit Holzteer behandelt.[19]

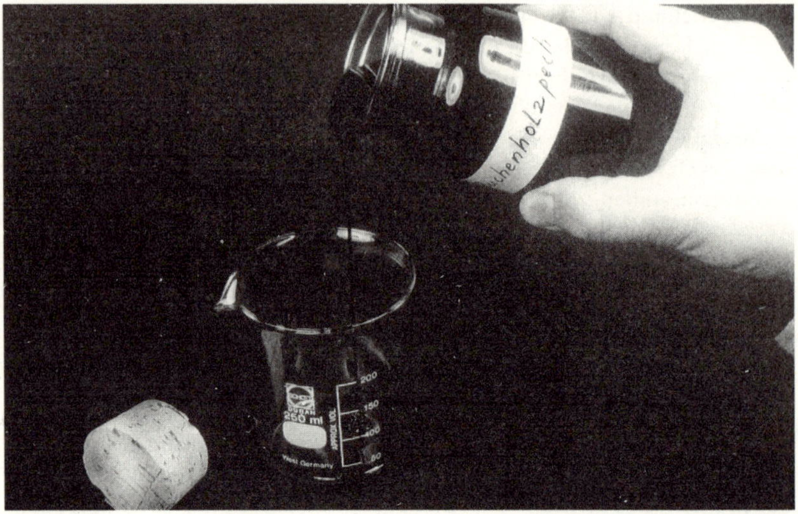

Abb. 52: Schwere Buchenholzteeröle zur Holzkonservierung sind zähflüssig, sollten aber dennoch unverdünnt verwendet werden.

Produkteigenschaften

Der Holzteer ist eine charakteristisch riechende, dunkle und zähflüssige Substanz, die sich lange weich hält, ohne zu erhärten. In dünner Schicht ist er eine klare, transparente Flüssigkeit, bei mikroskopischer Betrachtung sind in ihm kleine Kristalle zu erkennen, vermutlich auskristallisiertes Pech. Teer aus Nadelhölzern wird als syrupartig, dunkelbraun und von aromatischem Geruche beschrieben, der Laubholzteer ist fett- und talgartig, graubraun bis dunkelbraun und riecht widerlich brenzlig.

Grundsätzlich wirkt Holzteer sowohl pilzwidrig als auch insektenvorbeugend und kann im bewitterten Außenbereich eingesetzt werden (auswaschbeständig). Zur Erzielung einer ausreichenden Wirksamkeit in den hohen Gefährdungsklassen müssen allerdings reativ hohe Mengen im Holz vorhanden sein. Diese sind am einfachsten mit hochkonzentrierten Präparaten im Druckverfahren zu erreichen.

Holzteer ist ein Vielstoffgemisch, von dem einige sogenannte ›saure‹ Bestandteile wasserlöslich sind und daher bei intensiver Wasserbelastung ausgespült werden können. Dies beeinträchtigt die Schutzwirkung nicht, kann aber zu Verfärbungen bei angrenzenden Bauteilen führen.

Die toxikologische und umweltbezogene Ungefährlichkeit ist gewährleistet, werden doch mit Holzteer zum Verzehr bestimmte Fleisch- und Wurstwaren geräuchert und haltbar gemacht (s. S. 106).

Amtliche Prüfung und Zulassung

Holzteerprodukte verfügen derzeit noch nicht über eine allgemeine bauaufsichtliche Zulassung des Deutschen Instituts für Bautechnik und besitzen daher nicht das sog. Übereinstimmungszertifikat (›Ü-Zeichen‹ auf den Etiketten). Folglich dürfen sie nicht für tragende und aussteifende Holzbauteile verwendet werden, die nach den Bauordnungen der Länder ausschließlich mit zugelassenen Holzschutzmitteln zu schützen sind.

Anwendungsgebiete

Der Anwendungsbereich von Holzteer bzw. holzteerhaltigen Produkten erstreckt sich ausschließlich auf Holz im Außenbereich; zudem erlaubt der brenzlige und bisweilen starke Geruch keine Innenanwendung. Solche Produkte sollten daher nur in den Gefährdungsklassen 3 und 4 angewendet werden. In Ermangelung der amtlichen bauaufsichtlichen Zulassung dürfen sie dabei für tragende und aussteifende Bauteile nicht verwendet werden. Für alle anderen Holzbauteile im Außenbereich wie z.B. Zäune, Beeteinfassungen und allgemein Holz im Garten- und Landschaftsbau sind sie jedoch hervorragend geeignet. Achtung: Vom Regenwasser können unter Umständen in geringer Menge bräunlich verfärbende Substanzen ausgespült werden. Daher sollte die direkte Nachbarschaft des Holzteer-behandelten Holzes zu hellen Bauteilen unbedingt vermieden werden (z.B. bei Fachwerkhölzern und hellen Gefachen oder bei Gartenmöbeln, Pergolen etc. über hellem Pflaster oder Mauern).

Verarbeitung

Reiner Buchenholzteer ist zu zäh, um ihn mit einfachen Methoden handwerklich einbringen zu können. Für die handwerkliche Anwendung werden daher Holzteer-Produkte von den einschlägigen Herstellern verarbeitungsfertig angeboten. Die Anzahl der Arbeitsgänge hängt von der Rezeptur ab; an dieser Stelle kann lediglich auf die Technischen Merkblätter und Anwendungsempfehlungen der Hersteller verwiesen werden. Sicher ist jedoch, daß mit handwerklicher Verarbeitung (Streichen, Spritzen oder Tauchen) nur relativ wenig Holzteer ins Holz eingebracht werden kann. Vor allem die Eindringtiefen sind eher gering, so daß in stark gefährdeten Bereichen, z.B. mit Erdkontakt (Gefährdungsklasse 4), Einlagerungs- oder Druckverfahren bevorzugt werden sollten.

Verwendung in hochkonzentrierter Form

Die Verwendung in hochkonzentrierter Form (gewissermaßen 100 % Buchenholzteer) ist die geeignetste Verarbeitungsmethode. Auf diese Weise kann der reine Holzteergehalt in den durchtränkten Bereichen verhältnismäßig hoch gehalten werden. Zur Verarbeitung eignen sich dabei ausschließlich Druckverfahren (vgl. Kap. 7.3); dabei ist der Holzteer i.d.R. zu erhitzen, damit er dünnflüssiger wird und ausreichende Eindringtiefen und Einbringmengen erreicht. Zur Zeit ist kein hochkonzentriertes Produkt für die Druckimprägnierung am Markt; doch ist zu erwarten, daß verantwortungsvolle Hersteller auch für diese Art der Anwendung in Zukunft die geeigneten Produkte bereithalten werden.

Einfluß der Gefahrstoffverordnung

Die 1991 in Kraft getretene Teerölverordnung, die 1993 inhaltsgleich in die aktuelle Gefahrstoffverordnung übernommen wurde[20], beabsichtigt den Schutz der Bevölkerung vor unkontrollierter Belastung mit polyzyklischen aromatischen Kohlenwasserstoffen (PAK) vor allem aus Steinkohlenteerölpräparaten. Leider sind hier neben den Steinkohleteerölen auch die Holzteere in der Anwendung stark reglementiert worden – zu Unrecht, wie bereits ausgeführt wurde (s. S. 105-107). Dem privaten Endverbraucher wird demnach die eigene Verarbeitung von teerölhaltigen Holzschutzmitteln untersagt und die Anwendung durch Imprägnierbetriebe mit geschlossenen Anlagen vorgeschrieben. Abhängig vom Benzo(a)pyren-Gehalt gelten weitere Differenzierungen – die aber, da dieser Gehalt im Buchenholzteer i.d.R. unter 3 ppm beträgt, praktisch oft irrelevant sind. Holzteer-Produkte dürfen nach GefStoffV grundsätzlich angewendet werden mit einem Benzo(a)pyren-Gehalt

Anwendungsbeschränkungen

a) bis zu 5 ppm, wenn sie nicht an private Endverbraucher abgegeben und nicht in Innenräumen verwendet werden.
b) bis zu 50 ppm bei Verarbeitung durch Kesseldruck mit Schlußvakuum, bei Verarbeitung z.B. durch Einstelltränkung im Heiß-Kalt-Verfahren oder ähnlich geeigneten Verfahren, bei denen ein gleich guter oder besserer Schutz von Mensch und Umwelt vor Teerölen sichergestellt ist. Mit diesen Teerölen behandeltes Holz darf zudem nicht für Innenräume, Kinderspielplätze oder für sonstige Zwecke mit regelmäßigem menschlichen Hautkontakt verwendet werden.
c) bis zu 500 ppm nur zur Druckimprägnierung mit Schlußvakuum, wenn es sich bei den zu behandelnden Hölzern um Leitungsmasten oder um Bahnschwellen handelt.

7. Verfahren zur Anwendung von Holzschutzmitteln

Der Erfolg einer Holzschutzbehandlung steht und fällt mit der eingebrachten Menge und der erzielten Eindringtiefe der Holzschutzmittel im Holz. Sie hängen wesentlich von dem angewendeten Verfahren ab. Das ist auch ein Grund dafür, daß in den höheren Gefährdungsklassen mit größerer Beanspruchung des Holzes bestimmte, meist (halb-)industrielle Schutzverfahren vorgeschrieben sind.

Begriffserläuterungen

Zunächst seien an dieser Stelle einige Begriffe erläutert, die in der Anwendung von Holzschutzmitteln eine wichtige Rolle spielen und die in Merkheften zum Holzschutz und in Empfehlungen der Hersteller oft auftauchen. Sie kennzeichnen die Reichweite der Holzschutzbehandlung innerhalb der Holzsubstanz bzw. die Holzschutzmittelverteilung:

- *Oberflächenschutz*: Eine Eindringtiefe wird nicht angestrebt; geschützt ist nur die Holzoberfläche.

- *Randschutz*: Die Eindringtiefe liegt in der Größenordnung von Millimetern.

- *Tiefschutz*: Die Eindringtiefe liegt in der Größenordnung von Zentimetern (nicht unter 1 cm). Bei Hölzern mit einer Splintholzbreite unter 10 mm, deren Kern gegenüber dem Splint farbig abgesetzt ist, gilt der Tiefschutz auch dann als erreicht, wenn das gesamte Splintholz durchtränkt ist. (Falsch ist der Hinweis bei Tiefschutz und Vollschutz auf die durchtränkbaren Teile des Holzes, da die nicht durchtränkbaren Teile nicht gleichbedeutend mit Bereichen von erhöhter Resistenz gegen Schädlingsbefall sind. Wenn nur die tränkbaren Bereiche imprägniert und die nicht tränkbaren Bereiche anfällig gegen Befall sind, so kann man – bei Eindringtiefen unter 10 mm – weder von Teilschutz noch von Vollschutz reden.)

- *Teilschutz*: Teilschutz ist ein auf die gefährdeten Bereiche eines Holzbauteils beschränkter Tiefschutz.

- *Vollschutz*: Der Vollschutz wird erreicht, wenn das gesamte Holz bzw. bei Hölzern mit farbig abgesetztem Kern das gesamte Splintholz durchtränkt ist. (Dabei wird davon ausgegangen, daß der Farbkern eine erhöhte natürliche Resistenz gegen Schädlingsbefall aufweist.)

7.1 Oberflächenverfahren

Streichen und Spritzen

Das Streichen und Spritzen (Sprühen) ist das einfachste (und sicherlich bekannteste) Einbringverfahren.[1] Es findet vor allem im heim- und handwerklichen Bereich verbreitet Anwendung und braucht daher nicht näher erklärt zu werden. Die Eindringtiefen bleiben weit unter 10 Millimetern, in der Regel werden je nach Holzart und Imprägnierbarkeit 1 – 2 mm erzielt. Die einbringbaren Schutzmittelmengen variieren ebenfalls. Tabellen 8 und 9 zeigen einen Überblick. Im allgemeinen sind mindestens zwei Arbeitsgänge erforderlich, um die geforderten Einbringmengen zu erzielen. Die erreichbaren Einbringmengen und Eindringtiefen sind gering, ein großer Teil des Holzschutzmittels liegt an der Holzoberfläche vor (Oberflächen- oder Randschutz).

Tab. 8: Aufsummierte Holzschutzmittelaufnahme in ml/m² Holzoberfläche durch Streichen oder Spritzen (Quelle: Becker 1985)

Schutzmittel	Arbeitsgang	Fichte/Tanne sägerauh	Fichte/Tanne gehobelt	Kiefer sägerauh	Kiefer gehobelt
Salze	1	180	100	200	120
	2	280	150	350	180
	3	350	200	420	240
	4	420	250	500	280
lösemittelhaltige Präparate	1	180	80	220	120
	2	280	140	350	190
	3	350	200	450	250
	4	420	250	530	300

Tab. 9: Anzahl der erforderlichen Arbeitsgänge beim Streichen und Spritzen, um eine bestimmte Schutzmittelmenge aufzubringen. (Quelle: Becker 1985)

Schutzmittel/Menge		Arbeitsgänge			
Salz (g/m²)	Konzentration (%)	Fichte/Tanne sägerauh	Fichte/Tanne gehobelt	Kiefer sägerauh	Kiefer gehobelt
50	10	4-5	>5	2-3	5
	15	3-4	5	2-3	5
	20	2	4	1-2	3-4
100	15	>5	>8	5	>6
	20	5	>8	4	>6
	25	4	>6	3	>6
Lösemittelhaltige Produkte (ml/m²)					
200		2	3	1	2-3
250		2	4	1-2	3
300		2-3	5	2	4-5
350		3	5-6	2	5

Schutzmittelverluste

Bei diesen Verfahren sind relativ hohe Verluste an Schutzmitteln durch Versprühen und Abtropfen unvermeidlich, die je nach Konstruktion und Dimension der zu behandelnden Hölzer beim Streichen 10 – 20 % und beim Spritzen 20 – 50 % betragen können. Die Ausnahme macht hier das Sprühtunnelverfahren, bei dem das zu behandelnde Holz in einer kleinen, handwerklich einsetzbaren stationären Spritz- bzw. Sprühanlage (Sprühtunnel) mit Schutzmittel-Auffangwanne und regelbarem Vorschub durch einen Sprühkranz läuft.

Streichen und Spritzen kann nur bei Hölzern in den Gefährdungsklassen 1 und 2 angewendet werden. Wichtig ist, daß das bislang häufig angewandte Spritzen und Sprühen von Holzschutzmitteln außerhalb stationärer Anlagen wie Sprühtunnel grundsätzlich unzulässig ist (Ausnahmen werden auch bei natürlichen, mineralischen oder pflanzlichen Holzschutzmitteln nicht gemacht, da Behörden und Normen den Begriff ›Holzschutzmittel‹ nicht weiter differenzieren). Nur wenn nachträglich – nach Einbau des Holzes – durchzuführende Schutzmaßnahmen notwendig sind (z.B. bei der Bekämpfung eines vorhandenen Befalls), sind diese Verfahren unter Berücksichtigung verschiedener Arbeitsschutzmaßnahmen möglich.

Kurztauchen

Beim Kurztauchen verweilen die Hölzer nur Sekunden bis Minuten in der Holzschutzflüssigkeit. Daher werden nur rel. geringe Einbringmengen erzielt. Das Verfahren kann demzufolge nur bei Präparaten mit erhöhter Wirksamkeit angewendet werden (bei natürlichen, mineralischen oder pflanzlichen Holzschutzmitteln befindet sich gegenwärtig keines auf dem Markt).

7.2 Einlagerungsverfahren

Tauchen

Beim Tauchen erfolgt die Behandlung des Holzes im schwimmenden Zustand. Das Holz schwimmt eine bis mehrere Stunden lang im bzw. auf dem Schutzmittel (Tauchzeiten für Fichte zeigt Abb. 53). Die Eindringtiefen und Aufbringmengen sind nur unwesentlich besser als beim Streichen und Spritzen. Es wird in der Regel ebenfalls nur ein Randschutz mit Eindringtiefen weit unter 10 mm erzielt. Trotzdem kann die Anwendung des Tauchverfahrens sehr sinnvoll sein, um mehrere Arbeitsgänge einzusparen: Bei gehobeltem Fichtenholz beispielsweise ist eine Einbringmenge von 250 ml/m^2 (ein in der Praxis durchaus üblicher Wert) durch Streichen oder Spritzen erst mit etwa 4 Arbeitsgängen aufbringbar.

Die Holzfeuchte zu Beginn der Imprägnierung muß bei wasserlöslichen Schutzmitteln in jedem Fall unter 30 % liegen, d.h. es ist halbtrockenes oder trockenes Holz zu verwenden. Die Lösungskonzentration bei wasserlöslichen Präparaten beträgt in der Regel 10– 20 %, falls vom Hersteller nichts anderes

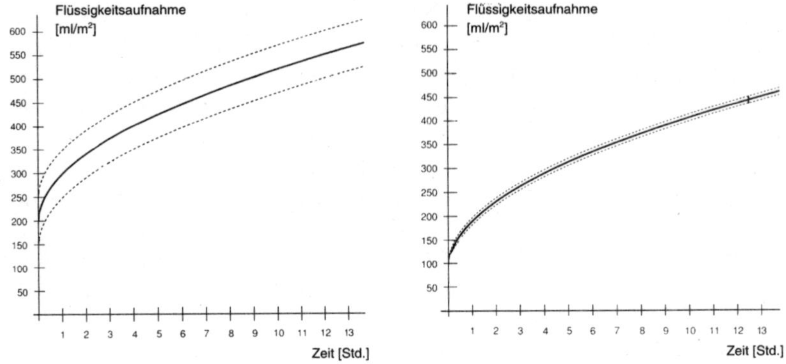

Abb. 53: Mittlere Flüssigkeitsaufnahme beim Tauchen von trockenem Fichtenholz. Links sägeraube, rechts gehobelte Oberfläche. (Quelle: DGfH 1991)

angegeben ist. Lösemittelhaltige (= ätherische Öle enthaltend) bzw. ölige Holzschutzmittel sollten nur bei einer Holzfeuchte unter 20 % eingesetzt werden. Sie werden i.d.R. nicht verdünnt.

Tauchen kann nur bei Hölzern der Gefährdungsklassen 1 und 2 angewendet werden. Für die Gefährdungsklasse 3 ist Tauchen nur zulässig, wenn das Schutzmittel lt. Herstellerangaben eigens dafür ausgewiesen ist und wenn das Holz für Stunden untergetaucht gehalten werden kann.

Trogtränkung

Die Trogtränkung ist ein Spezialverfahren, bei dem die Hölzer in offenen Trögen Stunden bis Tage untergetaucht gehalten werden, d.h. sie werden am Aufschwimmen gehindert. Als Schutzmittel werden, wegen günstiger Diffusionseigenschaften, vorwiegend mineralische Schutzmittel (z.B. Borsalze) eingesetzt. Dieses Verfahren hat natürlich gegenüber dem Tauchen eine erhöhte Wirkung: Es kann ein tieferes und gleichmäßiges Eindringen der Schutzmittel erreicht werden. Im allgemeinen wird allerdings auch hier nur ein Randschutz erzielt.

Im Trogtränkverfahren werden vor allem Bauhölzer imprägniert. Das Verfahren ist bei tragenden Holzbauteilen bauaufsichtlich zugelassen für Hölzer in den Gefährdungsklassen 1, 2 und 3. Die Konzentration wässriger Tränk-

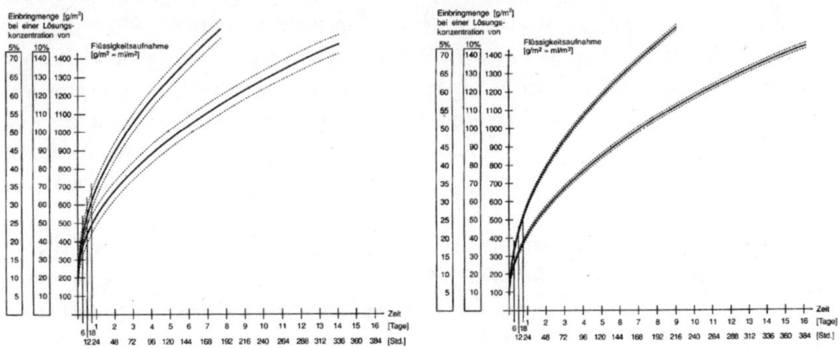

Abb. 54: Mittlere Flüssigkeitsaufnahme bei der Trogtränkung von trockenem (oben) und feuchtem (unten) Fichtenholz. Links sägeraube, rechts gehobelte Oberfläche. (Quelle: DGfH 1991)

lösungen beträgt i.d.R. 5 – 10 %, wenn vom Hersteller nichts anderes angegeben ist. Mit dem Trogtränkverfahren können auch noch nasse Hölzer mit Holzfeuchten oberhalb von 30 % (bis zu 50 %) behandelt werden. In diesem Fall sind jedoch nur wasserlösliche Schutzmittel anzuwenden.

Heiß-Kalt-Tränkung

Eine Variante der Trogtränkung, die Heiß-Kalt-Tränkung, erlaubt eine Verkürzung der Tränkdauer und eine Verbesserung der Eindringtiefen. Auch bei schwer imprägnierbaren Hölzern können relativ gute Eindringergebnisse erzielt werden. Bei gut tränkbaren Hölzern werden Schutzmittelmengen erreicht, die denen der Kesseldrucktränkung entsprechen.

Das Prinzip: Wenn trockene bis halbtrockene Hölzer (Holzfeuchte unter 30%) zunächst in warmer Tränkflüssigkeit gelagert werden, dehnt sich die im Holz befindliche Luft aus. Bei Übergang in ein kälteres Medium bzw. bei nachfolgender Abkühlung entsteht im Holz ein Unterdruck, durch den weitere Tränkflüssigkeit in das Holz hineingesaugt wird. Dieses Verfahren eignet sich sehr für hochkonzentrierte Buchenholzteer-Präparate. Bedeutung hat die Heiß-Kalt-Tränkung vor allem noch in ihrer Sonderform, der Einstelltränkung, bei Weinberg-, Obst- und Gartenpfählen (die zur Zeit jedoch leider noch viel zu oft mit Steinkohlenteer-Imprägnierölen behandelt werden).

7.3 Druckverfahren

Allgemeines

Unter dem Begriff Kesseldrucktränkung werden einige großtechnische Verfahren, die Druck anwenden, zusammengefaßt. Bei diesen Verfahren, die im konventionellen Holzschutz in etwa 250 – 350 Imprägnieranlagen ausgeführt werden, wird das Holz in verschließbaren druckdichten Kesseln mit Über- und/ oder Unterdruck getränkt und so das Schutzmittel in die Hohlräume des Holzes gedrückt/gesogen (Abb. 55). Es dringt in die durchtränkbaren Teile des Holzes sehr gut ein, wenn auch je nach Holzart unterschiedlich tief. Gut wegsame Hölzer, wie z.B. Buche, können äußerst tief mit Holzschutzmittel getränkt werden. Bei Kiefer und Lärche wird i.d.R. der gesamte Splint durchtränkt; bei Fichte, die sich nicht so gut tränken läßt, kann das Schutzmittel bis zu 10 mm tief eindringen.

Perforation als Vorbehandlung

Zur Verbesserung des Eindringverhaltens kann das Incising- oder Perforations-Verfahren angewendet werden, bei dem die zu imprägnierenden Hölzer vor der Tränkung mechanisch oder laseroptisch mit kleinen Einschnitten, Schlitzen oder Stichen versehen werden können (sog. Schlitz-, Nadel- oder Loch-Perforation). Derzeit hat im konventionellen Holzschutz lediglich das Schlitzperforationsverfahren industrielle Anwendungsreife erreicht und wird in gewissem Umfang vor allem in Nordamerika und in der Schweiz eingesetzt. So lassen sich Schutzmitteldichten in der Randzone erhöhen und die Eindringtiefen steigern; bei relativ tiefen Einstichen sind entsprechend größere

Abb. 55: Prinzip einer Kesseldruckanlage (Quelle: Desowag 1988)

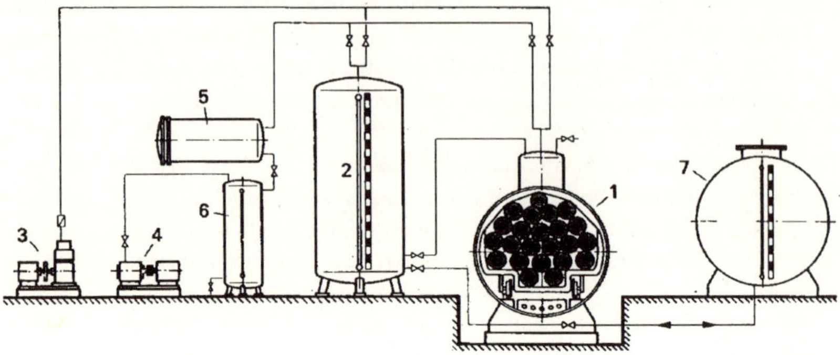

1 Imprägnierkessel 2 Meßgefäß 3 Kompressor 4 Vakuumpumpe 5 Kondensator 6 Vakuumvorlage 7 Vorratsbehälter

Eindringtiefen erzielbar, auch bei der sehr schwer tränkbaren lufttrockenen Fichte teilweise bis zum Kern.

Die Kesseldrucktränkung erreicht sehr große Schutzmittelmengen im Holz – die Bandbreite reicht von einigen Kilogramm pro m^3 Holz bei salzgetränkten Palisaden aus Fichte bis hin zu 80 – 150 kg Teeröle pro m^3 Holz bei Bahnschwellen aus Buche.

Kesseldruckverfahren sind bei tragenden Bauteilen bauaufsichtlich vorgeschrieben für Hölzer der Gefährdungsklasse 4 sowie für Hölzer im Meerwasserverbau. Auch für Hölzer der Gefährdungsklasse 3 empfehlen sich Kesseldruckverfahren aufgrund ihrer großen Leistungsfähigkeit.

Volltränkung

Bei der Volltränkung, auch KVD-Imprägnierung (Kessel-Vakuum-Druck) genannt und fast nur noch für wasserlösliche Schutzmittel angewendet, werden die Hölzer zunächst möglichst großem Unterdruck ausgesetzt. Währenddessen wird das Schutzmittel in den Kessel gegeben und anschließend ein Überdruck von 7 – 10 bar (ca. 0,8 N/mm^2) aufgebracht. So werden die zugänglichen Hohlräume des Holzes mit Schutzmittellösung gefüllt. Zur Trocknung der Oberfläche kann ein kurzes Nachvakuum erzeugt werden.

Spartränkung

Die Spartränkung eignet sich vor allem für die Tränkung mit Teerölen (z.B. hochkonzentrierte Buchenholzteer-Präparate). Während eines kurzen Luftüberdrucks von 2 – 4 bar wird das auf etwa 110 – 120 °C erhitzte Teeröl in den Kessel gelassen. Der Druck wird auf 7 – 12 bar erhöht und mehrere Stunden aufrechterhalten. Zum Entfernen des überschüssigen Teeröls aus den Zellhohlräumen wird nach dem Ablassen des Teeröls aus dem Kessel ein hoher Unterdruck (sog. Endvakuum) erzeugt. Die Zellhohlräume sollen frei von Teeröl sein, um ein späteres Ausschwitzen zu verhindern.

Wechseldrucktränkung

Zur Imprägnierung feuchten bis saftfrischen Nadelholzes mit wassergelösten Holzschutzmitteln eignet sich die Wechseldrucktränkung. In kurzen Abständen von wenigen Minuten wechseln Vakuum und hoher Überdruck einander ab, um den Austausch des Wassers (›Baumsaft‹) in den Hohlräumen des Holzes gegen die Schutzmittellösung zu erreichen. Dieses Wechseldruckverfahren führt auch bei schwer tränkbaren Hölzern zu relativ tiefen Durchtränkungen und wird besonders bei der schwer imprägnierbaren Fichte angewendet (Tränkzeit Fichte 24 h, Kiefer 12 h).

Vakuumtränkung

Bei den als Vac-Vac- oder Con-Vac-Tränkung bekannten Verfahren wird in der Regel trockenes oder halbtrockenes Holz mit lösemittelhaltigen (= ätherische Öle enthaltend) Präparaten imprägniert. Es wird im Kessel zunächst einem Unterdruck ausgesetzt. Beim Ausgleich des Drucks tritt die Schutzmittelflüssigkeit in die Hohlräume des Holzes ein. Ein Endvakuum bei der Doppelvakuumtränkung dient zur Rückgewinnung von Holzschutzflüssigkeit.

7.4 Erforderliche Einbringmengen und deren Kontrolle

In diesem Buch werden keine konkreten Einbringmengen angegeben, da diese von Schutzmittel zu Schutzmittel, je nach Art der Rezeptur und der Wirksamkeit, unterschiedlich sein können. Es gelten grundsätzlich die in den Merkblättern der Hersteller angegebenen Einbringmengen. Sie sind abhängig von der Gefährdungsklasse des Holzes, dem anzuwendenden Einbringverfahren, der Art des Holzschutzmittels und bisweilen auch der Querschnittsabmessung des Holzes.

Einhaltung der vorgeschriebenen Einbringmengen

Die Einhaltung der vorgegebenen Einbringmengen ist von ausschlaggebender Bedeutung für den Schutzerfolg. Dabei vergrößern deutliche Überschreitungen den Schutzerfolg nicht, können aber auch bei natürlichen, mineralischen oder pflanzlichen Präparaten zu lokalen Umweltbeeinträchtigungen (infolge Abtropfens, Auswaschens, Ausdünstung, Ausschwitzens) führen.

Anwenderinnen und Anwender natürlicher Holzschutzmittel sollten durch regelmäßige Überprüfung des Verfahrens, der erzielten Einbringmengen bzw. des Schutzmittelverbrauchs abhängig von der bereits behandelten Fläche und – bei handwerklich, halbindustriell oder industriell arbeitenden Verfahren gegebenenfalls auch der Zusammensetzung der angewendeten Mittel – den Erfolg der Behandlung absichern. Für die Eigenkontrolle der eingebrachten Schutzmittelmengen sind zunächst verschiedene Angaben zu ermitteln und teilweise in sog. Tränkprotokollen festzuhalten. Die Erfüllung der folgenden Bedingungen ist unabdingbare Voraussetzung für eine ordnungsgemäße Holzschutzbehandlung.

Festzustellen sind Holzart, Oberflächenbeschaffenheit und Holzfeuchte. Zu behandelnde Oberfläche (m^2) bzw. zu imprägnierendes Volumen (m^3) sind zu berechnen. Stichprobenartig ist die Lösungskonzentration bei Holzschutzsalzen zu überprüfen, wenn Tauchen, Trogtränkung oder Kesseldrucktränkungen angewendet werden; die Methode hängt von der Schutzmittelart ab (Angaben hierzu liefert der jeweilige Hersteller des Schutzmittels).

Ermittlung des Schutzmittelverbrauchs

Beim Streichen, Spritzen, Fluten und Tauchen ist die Einbringmenge in g/m^2 bzw. ml/m^2 abgewickelter Holzoberfläche anhand des Schutzmittelverbrauchs (unter Berücksichtigung der Schutzmittelverluste) und der behandelten Holzoberfläche zu ermitteln.

Bei der Trogtränkung wird die Einbringmenge in g/m^2 bzw. ml/m^2 abgewickelte Holzoberfläche entweder durch Verwiegen des Holzes oder aus Flüssigkeitsständen vor und nach der Schutzbehandlung ermittelt. Wurden nasse Hölzer mit über 30 % Holzfeuchte behandelt, ist eine mögliche Absenkung der Lösungskonzentration als zusätzlicher Holzschutzsalzverbrauch einzubeziehen.

Bei Kesseldruck- und Vakuumtränkung wird die Menge der eingebrachten Tränkflüssigkeit entweder durch Verwiegen von mitimprägnierten Probehölzern vor und nach der Tränkung oder mittels geeigneter Meßeinrichtungen (Flüssigkeitsmessung) erfaßt und unter Einbeziehung des Holzvolumens die eingebrachte Schutzmittelmenge in kg/m^3 ermittelt. Bei wasserlöslichen Schutzmitteln ist zusätzlich die angewendete Lösungskonzentration einzubeziehen. Bei der Wechseldrucktränkung wird die eingebrachte Schutzsalzmenge aus der Absenkung der Lösungskonzentration zuzüglich des festgestellten Lösungsverbrauches ermittelt und in kg/m^3 Holzvolumen ausgewiesen. Zur Ermittlung der erreichten Einbringmenge ist exemplarisch ein Tränkprotokoll für Tauchen oder Trogtränkung dargestellt: siehe Abb. 56.

Abb. 56: Tränkprotokoll zur einfachen Erfassung der notwendigen Daten, um die Einbringmengen zu bestimmen. (Quelle: DIN, DGfH 1992)

Firma, Anschrift			Ermittlung der Einbringmengen bei wasserlöslichen Holzschutzmitteln Nichtdruckverfahren					
Probe Nr	Abmessungen	Oberfläche m^2	Feuchte %	Gewicht vor Tränkung	Gewicht nach Tränkung	Gewichtsdifferenz	Einbringmengen aus Gew.-Diff.	Einbringmengen g/m^2
Bsp.	3,017/0,175/0,0[illegible]	1,452	21,6	16,504	17,024	520	87,2	57,30
1								
2								
3								
4								
5								
6								
7								
8								
9								
10								

Bsp. Tauchen, 15 C, Dichte 1,03, Konzentr. 16 %.

7.5 Spezialverfahren bei bekämpfendem Holzschutz

Besondere Gefährdungsstellen des nach einer Sanierung im Bau verbliebenen Holzes sind oft durch eine Bohrlochtränkung zu behandeln. Dies ist ein Verfahren, bei dem das Holzschutzmittel über Bohrungen in das Holz eingebracht wird.

Bohrlochtränkung

Hierzu werden Bohrlöcher mit seitlichem Abstand von 20 cm, in Reihen um etwa 10 cm versetzt, mit einem Durchmesser von rund 10 – 16 mm und einer Tiefe von rund zwei Dritteln der Balkendicke ins Holz gebohrt (vergleiche Abb. 57). Senkrecht stehende Stützen und Pfosten sind bei gleicher Bohrlochanordnung unter 45° anzubohren. Achtung, die Bohrlöcher dürfen keinesfalls in den Bereich von Trockenrissen, die bei massiven Balken, Pfetten und Stützen nicht selten sind, hineingeführt werden. Durch die Risse würde das Schutzmittel ablaufen, die gleichmäßige Schutzmittelverteilung im Holz wäre gestört. Zu beachten sind auch statische Belange (das Verfahren kann also nicht unbedingt von Laien ausgeführt werden).

Über diese Bohrlöcher wird das Holz getränkt. Dazu sind 3 – 5 Füllungen mit geeigneten Schutzmittellösungen notwendig. Anschließend wird reines Salz (hier: Borsalze) oder eine Salzpaste eingefüllt; über Diffusionsvorgänge erfolgt im Holz die Verteilung. Zum Schluß werden die Bohrlöcher mit Hartholzdübeln verdübelt.

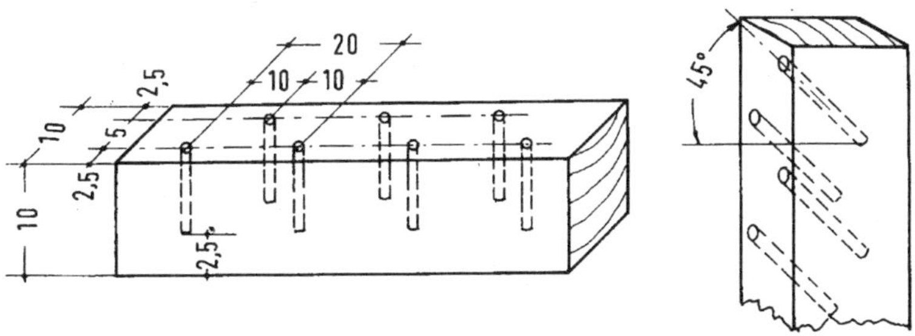

Abb. 57: Anordnung der Bohrlöcher zur Behandlung besonders gefährdeter Holzbauteile (Quelle: Grosser, Eichhorn, Grabow 1991)

Auch beim pilzbewachsenen Mauerwerk ist die Bohrlochtränkung üblich. Als Vorarbeit werden zunächst die Wandflächen mit einer Drahtbürste oder einem Drahtbesen gründlich gereinigt und sodann zur leichteren Entfernung des Pilzmycels abgeflammt. Loser Fugenmörtel ist auszukratzen. Die Bohrlöcher werden zweckmäßigerweise in versetzten Reihen 35 – 40 cm (= 1 1/2 Steine) nebeneinander und etwa 25 cm (= 3 Steine) übereinander angebracht.[2] Im Bereich von aufliegendem Holz (Balkenköpfe, Fußpfetten, Sparrenfüße etc.) empfiehlt sich eine Verringerung des vertikalen Abstands auf 1– 2 Steine. Der Durchmesser der Bohrungen beträgt etwa 20 – 30 mm; sie verlaufen im Winkel von etwa 30° – 45° schräg nach unten und sollten 2/3 der Wandstärke erfassen.

Die Bohrlöcher werden 2–3 mal mit der Salzlösung gefüllt und anschließend mit Mörtelpropfen verschlossen. Zuletzt wird die gesamte Wand in 1 – 2 Arbeitsgängen mit der pilzwidrigen Salzlösung besprüht oder besser geflutet. Bei sehr dicken Wänden ist es besser, die Wand, wenn möglich, beidseitig anzubohren und zu behandeln.

Verpressen durch Druckinjektionen

Statt der Bohrlochtränkung kann bei ähnlicher Anordnung der Bohrungen (s.o.) die Imprägnierung in nur einem Arbeitsgang durch Druckimprägnierungen mit Holzinjektoren, in der Praxis auch ›Packer‹ oder ›Presser‹ genannt, erfolgen. Zum Einpressen in die Bohrlöcher sind verschiedene Drucksysteme im Gebrauch, die mit Druckluft oder Hydraulik-Membranpumpen arbeiten. Die ›Presser‹ oder ›Packer‹ (z. B. Injektionspacker, Flügelpacker) sind Behältnisse mit Holzschutzmitteln, die auf die Bohrlöcher gesetzt werden. Sodann wird das Schutzmittel per Hochdruckinjektionsgerät verpreßt. Nach der Imprägnierung werden die Bohrlöcher zum Spannungsausgleich im Holz mit Holzdübeln (im Mauerwerk mit Mörtelpropfen) verschlossen, sofern nicht mit Einlaßventilen aus Kunststoff (sog. Plastikpacker) gearbeitet worden ist, die zur späteren Wiederbefüllung im Holz oder Mauerwerk verbleiben.

8. Ungeeignete Methoden des natürlichen Holzschutzes

8.1 Holzessig

Ein altes baubiologisches und immer wieder empfohlenes Mittel zum bekämpfenden Holzschutz ist der Holzessig.[1] Holzessig entsteht wie der Holzteer bei der trockenen Destillation von Holz zu Holzkohle (s. S. 103-104). Bei der langsamen Erhitzung von Holz bildet sich zwischen etwa 170 und 380 °C als Kondensat der Rohholzessig. Nach verschiedenen Aufbereitungsschritten – wie z.B. Entfernung des Holzgeistes (u.a. Alkohole, Wasser) – und nach Abscheidung des enthaltenen Teers gewinnt man den Holzessig. Darin verbleiben noch zahlreiche weitere Bestandteile wie Wasser, Essigsäure, Ameisensäure, Buttersäure und in geringen Mengen noch Holzteer.

Holzessig sehr umstritten

Die Wirksamkeit einer Holzessigbehandlung ist selbst unter seinen Befürwortern umstritten. Die praktisch identische Gewinnungsmethode, bei der zunächst der Rohholzessig und später der ganz passabel holzschützende Holzteer abdestilliert wird, hat wohl dazu geführt, dem Holzessig eine dem Holzteer ähnliche Wirkung zuzuschreiben. Da er sehr dünnflüssig ist (etwa wie Wasser) und sehr gut ins Holz eindringt, und zudem noch sehr kräftig-brenzlig und scheinbar ›wirkungsvoll‹ riecht, ist sogleich auch eine insektenbekämpfende und -abtötende Wirkung angenommen worden.

Mit Sicherheit ist Holzessig kein wirksames Mittel weder zur Insektenbekämpfung noch zum vorbeugenden Holzschutz gegen Insekten und Pilze. Erstaunlicherweise ist er im Fachhandel für Naturfarben immer noch erhältlich, wird er hie und da von Naturfarbenherstellern immer noch zur Befallsbekämpfung angeboten. An seiner Wirkungslosigkeit ändern auch Kräuterzusätze (z.B. Eichenrinden-, Wacholder- oder Salbei-Extrakte) nichts.

8.2 Kristallisierung und Verkieselung

Ein »neuartiges Wirkprinzip« kommt aus den USA offenbar über Vertriebsfirmen auf den deutschen Markt. Nach einem »weltweit patentierten Verfahren« wird das »Holz für Insekten und Pilze unkenntlich« gemacht. Eine Flüssigkeit – ähnlich dem altbekannten (und für Holzschutzzwecke ungeeigneten) Wasserglas – mit zahlreichen anorganischen Verbindungen wie Aluminiumoxid, Calciumoxid, Natriumcarbonat etc. wirkt im Holz »durch den Vorgang der Kristallisierung. Dadurch werden die behandelten Hölzer bis zur Eindringtiefe für Schädlinge unkenntlich gemacht, so daß diese das Holz nicht mehr als solches erkennen können. Auf die gleiche Weise werden auch die

Holz für Schädlinge »unkenntlich«?

Nährstoffe für bereits im Holz befindliche Schadinsekten unkenntlich gemacht.«[2]

Es kristallisieren also anorganische Substanzen in den oberflächennahen Hohlräumen der Holzzellen aus – was eine ganz gewöhnliche Tatsache ist. Abgesehen von den großen Problemen mit der geringen Eindring- und damit Wirkungstiefe gerade dieser Anorganika liegt diesem Wirkungsprinzip offenbar eher Wunschdenken zugrunde.

holzzerstörende Schädlinge unbeeindruckt

Holzzerstörende Pilze nämlich leben von der Cellulose (Braunfäulen) oder dem Lignin (Weißfäulen); beides befindet sich innerhalb einzelner Schichten der Holzzellwand. Die feinen Hyphen der Pilze mit Durchmessern nur von max. 2 µm befinden sich innerhalb der Zellwandschichen und lösen dort – fernab und unbeeindruckt von jeglichen Kristallisierungsprodukten – die Zellwandkomponenten enzymatisch auf und verflüssigen sie z.B. zu Glucose.[3] Insekten hingegen nutzen als Nährstoff hauptsächlich Kohlenhydrate, Eiweiß und weitere Polysaccharide innerhalb der einzelnen Zellwandkomponenten.[4] Durch schlichte Kristallbildung in den Zellhohlräumen kann die chemische Struktur des Nährstoffs in der Zellwand weder angegriffen noch gar verändert und »unkenntlich« gemacht werden. Zudem können Insektenlarven nagen ohne zu fressen und für sie unverwertbare Zellbereiche rel. rasch durchqueren.

Ein wirksamer vorbeugender oder bekämpfender Holzschutz kann daher nicht erwartet werden. Gefälligkeitsgutachten gegenteiligen Inhalts – denen es im übrigen an den sog. ›Nullproben‹ (d.h. am unmittelbaren Vergleich zum unbehandelten Holz) mangelt – machen die Bestrebungen für eine natürliche Schadensvermeidung und Werterhaltung nur angreifbar und unglaubwürdig.

8.3 Waid

Die Waid-Pflanze (botanisch: Isatis tinctoria), in Deutschland gewonnen vor allem in den historischen, spätmittelalterlichen Waidanbaugebieten in Thüringen, erlebt zur Zeit ein kleines Comeback. Sie wird als Färbepflanze verwendet, da sich aus den Blättern ein blau färbendes Pulver (Indigo) gewinnen läßt. Zudem wird der Saft aus den Blättern als Rohstoff in verschiedenen pflanzlichen Holzlasuren, -imprägnierungen und -grundierungen eingesetzt.

Diesen Waid-haltigen Holzanstrichen werden neuerdings eine gute, teilweise sogar bekämpfende Wirkung gegen Insekten und Pilze und allgemein holzkonservierende Eigenschaften nachgesagt.[5] Sicherlich wirkt Waid als hervorragendes Färbe- und Beizmittel, kann der Waid-Rohsaft als Bindemittel oder Zusatz für Holzanstriche fungieren. Die Annahme, daß Waidextrakte oder Waid-Saft insekten- und pilzwidrig wirken und als wirksame Holzschutzmittel einen Befall verhindern, ist sicherlich ein Irrtum.

Waid als Färbe- und Beizmittel

Der Nachweis tatsächlich vorbeugender Wirksamkeiten gegen Pilze und Insekten mit ›Nullprobe‹ liegt nicht vor. Die Wirkungslosigkeit des Extraktes für die Praxis ist mithin zu erwarten – davon unberührt bleiben sicherlich die wasserabweisenden, holzfärbenden und dekorativen Wirkungen solcher Produkte.

8.4 Sonstige (Bienenwachs, ätherische Öle ...)

In der frühen baubiologisch bewegten Stimmung, teilweise auch in naiver Ahnungslosigkeit, kam sogar das Bienenwachs zu ungewohnten Holzschutzehren. Ihm wurde tatsächlich eine vorbeugende Holzschutzwirkung zugedacht und in Fachberatungsgesprächen bisweilen sogar für die Außenanwendung empfohlen. Da das Wachs Poren im Holz und angeblich auch Risse verschließt, soll die insektenvorbeugende Wirkung sogar den Hausbock umfassen.[6]

Bienenwachs zur Oberflächenveredelung

Diese Fehleinschätzung der Leistungsfähigkeit von Bienenwachsen zählt sicherlich zu den ›Jugendsünden‹ der Naturfarbenanwendung und natürlichen Schadensvermeidung am Holz. Bienenwachs ist ungeeignet zum vorbeugenden Holzschutz gegen Holzschädlinge und wird heute nicht mehr ernsthaft dazu empfohlen. Als Oberflächenveredelung von Holz im Innenbereich ist es jedoch *das* natürliche Produkt schlechthin. Es sorgt wie kaum ein zweites konsequent natürliches Oberflächenbehandlungsmittel für die technologisch und physiologisch optimale Holzoberfläche – und dazu noch für ein gesundes und angenehmes Wohnklima.

flüchtige ätherische Öle mit abschreckender Wirkung

Teilweise findet sich noch die Ansicht, daß sogar ätherische Öle eine insektenwidrige Wirkung haben und daher für den Holzschutz geeignet sind. Diese Meinung wird gelegentlich in Beratungsgesprächen von offenbar eher wenig versierten Baubiologen, Bautechnikern oder Naturfarbenanwendern geäußert. Lavendelöl, Citrusschalenöl, Kampher, Rosmarinöl, Eucalyptusöl oder Arvenöl besitzen teilweise zwar eine gewisse abschreckende Wirkung auf Motten, Kornkäfer oder ähnliche Vorratsschädlinge – die sie als ökologisch konsequente Mittel für diese Zwecke prädestiniert. Im Holzschutz jedoch sind sie völlig untauglich; zudem verschwinden sie relativ rasch wegen ihrer Flüchtigkeit.

9. Neue Ansätze für einen natürlichen Holzschutz

9.1 Wahl des richtigen Fällungszeitpunktes

Die Voraussetzungen für eine lange Lebensdauer des Holzes können oft schon vor der Verarbeitung beeinflußt werden; Stichworte sind Waldwirtschaft, Lagerung, Trocknung. Ein besonderes Augenmerk verdient der Zeitpunkt, zu dem ein Baum gefällt wird. Durch die Fällung wird für eine gewisse Zeit der Lebenszustand des Baumes konserviert. Unabhängig von den äußeren Wachstumsbedingungen für holzzerstörende Organismen ist z.B. Nadelholz, welches im Winter, also außerhalb des sog. ›Safttriebes‹, gefällt wird, weniger fäulnisanfällig.[1]

Dieses Phänomen geht einerseits zurück auf den Zusammenhang zwischen Wuchsstoffgehalt des Holzes und dem Quellungszustand des Zellulosegerüstes sowie andererseits auf die dadurch bedingte Stimulierung des Pilzwachstums.

Fällung im frühen Winter

Für Nadelholz würde demnach ein optimaler Fällungszeitraum zwischen September und Dezember liegen. Bei Buchenholz erweisen sich die Monate Januar und Februar als ein günstiger Fällungszeitraum. Der Volksmund kennt den Stichtag 20. Januar als zeitliche Begrenzung des Holzeinschlags (»... um Fabian und Sebastian fängt schon der Saft zu fließen an«)[2]. Dieses Datum ist sicherlich keinen wissenschaftlich nachvollziehbaren Erhebungen entsprungen; seine Einhaltung führt allerdings dazu, auf ›der sicheren Seite zu sein‹. Selbstverständlich kann auch noch nach dem 20. Januar geschlagen werden. Nur hängt es dann von der Holzart, von der Höhenlage des Standortes, von der Witterungsexposition und vom Klimacharakter des betreffenden Jahres ab, wie lange die Frist bis zum Safttrieb und damit bis zur massiven Wuchsstoffbildung noch dauert.

Schädlingsresistenz im ersten Jahr nach der Fällung

Die Auswirkung des Fällungszeitpunktes auf das Resistenzverhalten des Holzes gegen Schädlinge ist im ersten Jahr nach der Fällung deutlich spürbar. Sie verliert sich, wenn das Holz ein Jahr lang trocken gelagert wird oder wenn ihm Gelegenheit gegeben wird, ein Jahr im Freien auszuwittern.

Von verschiedenen Interessenkreisen wird der positive Einfluß des Fällungszeitpunktes in Abrede gestellt.[3] Die reichen Erfahrungen der Vergangenheit, vor allem die damaligen schweizer Untersuchungen, sowie aktuellere Untersuchungen[4] belegen das Gegenteil; auch der Bläue läßt sich durch Winterfällung vorbeugen (»Geschützt wird Holz vor Bläue durch Winterfällung, rasche Abfuhr aus dem Wald, schnelle Aufarbeitung und richtige Stapelung«[5]).

Angesichts der zunehmenden Probleme durch frisch eingebautes Holz in Neubauten mit der Gefahr des Wachstums holzzerstörender Pilze kann nur angeregt werden, durch weiterführende Untersuchungen die Fällungszeit zu konkretisieren oder deren Einfluß zweifelsfrei zu widerlegen.

9.2 Neem als vorbeugendes und bekämpfendes Holzschutzinsektizid

Stark wirkende pflanzliche Insektizide hat man vor allem in den Tropen und Subtropen gefunden. Fast als ›Wunderpflanze‹ gilt der indische Neembaum (botanisch: Azadirachta indica). Neemextrakte aus den Kernen der kirschenähnlichen Früchte mit dem Hauptwirkstoff Azadirachtin besitzen ein außergewöhnlich breites Wirkungsspektrum. Gleichzeitig fehlen schädliche Nebenwirkungen auf das Ökosystem sowie auf Menschen und Warmblüter. Im Gegenteil: Neem-Öl wird in den Ursprungsländern seit alters her zu Seife und Körperpflegemitteln, zu Verhütungsmitteln, zu Arzneien etc. verarbeitet; der Preßrückstand dient u.a. als exzellentes Düngemittel und Tierfutter.

Hauptwirkstoff Azadirachtin

Neem wirkt auf Schadinsekten als Antifeedant oder als Repellent, kann zur Sterilität führen, wirkt morphogenetisch und entwicklungshemmend; auch direkte und unmittelbare letale Wirkung wurde beobachtet[6]. Die wichtigste Wirkung des Neem und seiner Inhaltsstoffe ist zweifellos die Störung der Häutung der betroffenen Larven. Vor allem der Inhaltsstoff Azadirachtin greift wegen seiner strukturellen Ähnlichkeit mit dem Häutungshormon ß-Ecdyson in den Häutungsvorgang ein, der massiv behindert wird. Auf diese Weise wirkt Neem als Wachstumshemmer und führt zum Absterben der Larven.

Abb. 58: Die kirschenähnlichen Früchte des Neem-Baumes besitzen ein außergewöhnlich breites Wirkungsspektrum

Die Verhältnisse bei der Bekämpfung holzzerstörender Insekten liegen indes völlig anders als bei der Bekämpfung von Vorrats- und Pflanzenschädlingen. Grundlagenforschung und umfangreiche Voruntersuchungen haben aber bereits die notwendige Wissensbasis geschaffen. Mehrjährige Untersuchungsreihen am Hausbock zeigen eine ausgezeichnete Wirksamkeit von azadirachtinhaltigen Neem-Extrakten. Abhängig von Konzentration und Art der Extrakte sind gute bis sehr gute Effekte vorhanden, selbst vollständige Abtötung der Schädlinge im Holz ist möglich. Im folgenden seien einige der wichtigsten Zwischenergebnisse zusammengefaßt.

Abb. 59: Vorbeugende Wirksamkeit eines Neem-Extraktes gegenüber Hausbock-Eilarven in Anlehnung an DIN EN 46

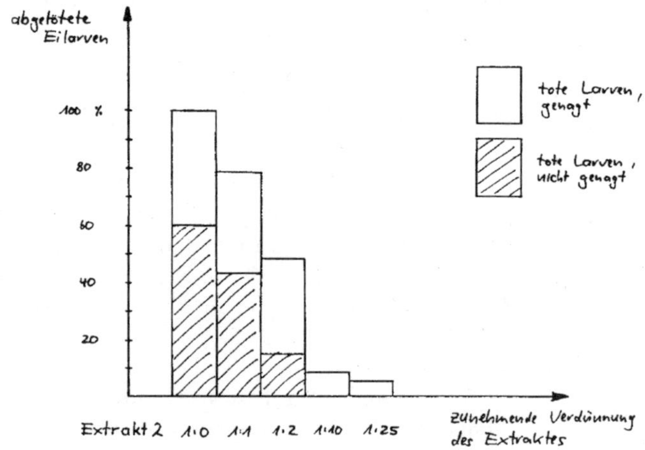

Die vorbeugende Wirkung verschiedener Neem-Auszüge, die mit unterschiedlich polaren Lösemitteln erfolgten (hier gekennzeichnet mit Extrakt 1, 2 und 3) wurde an Probehölzern aus Kiefer ermittelt.[7] Das Maß für die Wirksamkeit war die Zahl abgestorbener Larven. Es konnte eine bis zu 100 %ige Abtötung festgestellt werden. Die beiden Schaubilder verdeutlichen das im einzelnen. Abb. 59 stellt die Abtötung von Hausbock-Eilarven des Extraktes 2 in verschiedenen Konzentrationen dar – es läßt sich eine eindeutige Dosis-Wirkungs-Beziehung feststellen; Abb. 60 zeigt die Übersicht über die Wirksamkeit verschiedener Neem-Extrakte.

ausgezeichnete Wirksamkeit

Wenn auch noch weiterführende Untersuchungen zur praktischen Anwendbarkeit notwendig sind, läßt sich die exzellente Wirksamkeit bereits jetzt bestätigen. Mit qualitativ hochwertigen Neem-Extrakten kann sogar die Bekämpfung rindenbrütender Borkenkäfer im Forst ins Auge gefaßt werden;[8] ein entsprechendes Patent ist bereits erteilt worden.[9]

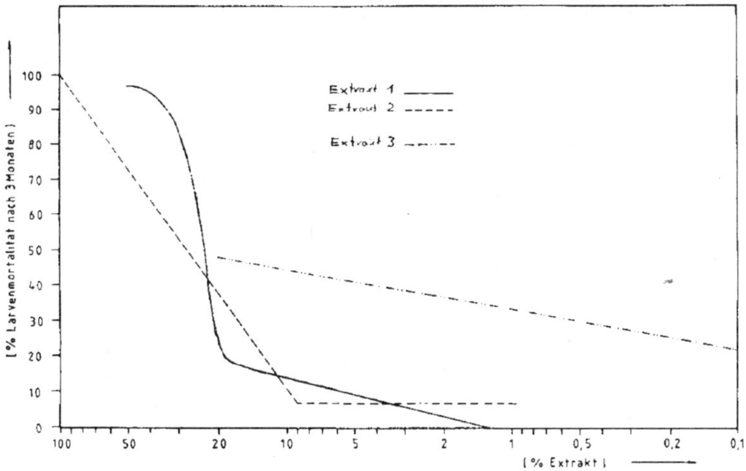

Abb. 60: Übersicht der Dosis-Wirkungs-Beziehung verschiedener Neem-Extrakte auf Hausbock-Eilarven in Anlehnung an DIN EN 46 (vorbeugende Wirkung)

9.3 Hibaöl, Thujaplicin und Zedernholzöl

Hibaöl

Sogar der Tagespresse war unlängst zu entnehmen, daß das Öl des Hiba-Lebensbaumes (Thujopsis dolabrata) Bauholz alter japanischer Pagoden jahrhundertelang vor Schädlingen geschützt haben soll.[10] Das Holz selbst ist bekanntermaßen resistent gegen Schädlinge, warum also nicht das Öl? Dieses Hibaöl, dessen pilzwidrige Eigenschaften schon länger untersucht worden sind, läßt sich durch Wasserdampfdestillation der Sägespäne des in Japan wachsenden Hiba-Baums gewinnen.[11]

Thujaplicin

Ein dem Hiba verwandter Lebensbaum aus Nordamerika, die schädlingsresistente Western Red Cedar (Thuja plicata), ist bereits oft Gegenstand von einschlägigen Untersuchungen gewesen. Das aus dem Holz gewonnene Öl, das Thujaplicin, wirkt eindeutig pilzwidrig, insektenvorbeugend und in geeigneter Konzentration auch insektenbekämpfend.[12] Teilweise wurde bereits in sehr niedrigen Konzentrationen Pilzhemmung festgestellt sowie allgemein ein breites Wirkungsspektrum und eine starke Schädlingstoxizität.

Zedernholzöl

Ein weiteres aus Holz gewonnenes Öl besitzt passable vorbeugende holzschützende Wirkungen: Zedernholzöl (aus China). In nach DIN genormten Prüfmethoden konnten in der Eidgenössischen Materialprüfungs- und Versuchsanstalt festgestellt werden, daß eine Schutzwirkung gegenüber holzzerstörenden Pilze besteht. Auch die insektenvorbeugende Wirksamkeit bei Hausbock und – etwas weniger ausgeprägt – gegenüber Lyctus wurde bestätigt.[13]

vielversprechende pflanzliche Wirkstoffe

Es handelt sich hier um vielversprechende pflanzliche Holzschutzwirkstoffe, insbesondere das Thujaplicin besitzt eine hohes holzschützendes Potential. In allen drei Fällen sind jedoch weitergehende Untersuchungen über

Mindestmengen im Holz, über Einbringverfahren, über Alterungsbeständigkeit etc. notwendig. Vor allem aber ist zu überprüfen, ob in ausreichender Menge sortenreines Abfallholz und Späne verfügbar sind, um die jeweiligen Öle zu gewinnen. Es macht keinen Sinn, dem resistenten Vollholz die Öle zu entziehen und mit ihnen nichtresistente Holzarten zu imprägnieren; es wäre besser, dann gleich das resistente Holz einzusetzen. In diesem Zusammenhang ist zu auch zu ermitteln, ob das ausgelaugte resistente Holz immer noch sein ursprüngliches Resistenzverhalten zeigt. Nur dann käme eine Ölgewinnung auch aus Nicht-Abfallholz infrage.

9.4 Sonstige pflanzlichen Extrakte und Drogen (Pfeffer, frische Eicheln ...)

Grundsätzlich haben viele Pflanzen Stoffe entwickelt, mit denen sie sich gegen Schädlinge zur Wehr setzen, sie in ihrer Entwicklung hemmen oder ihnen das Fressen verleiden; viele von ihnen nehmen seit den Anfängen der Menschheit eine zentrale Rolle in der Behandlung von Krankheiten und Verletzungen ein. Nach wie vor sind Pflanzen auch über die oben beschriebenen Öle und Extrakte hinaus als Produzenten neuartiger, biologisch aktiver Wirkstoffe hochaktuell. Mit ihnen konnten, teils in Laborversuchen, teils durch Erfahrungen oder überraschende Entdeckungen, Ansätze für weiterführende Untersuchungen gefunden werden. Einige Entdeckungen seien nachfolgend kurz beschrieben.

schwarzer Pfeffer

Eine insektizide Wirkung konnte bei schwarzem Pfeffer und seinen öligen Komponenten festgestellt werden. Diese Wirkung läßt sich synergistisch um eine Vielfaches steigern, wenn das Schwarzpfefferöl mit Pyrethrum-Extrakten kombiniert wird, also mit natürlichen Auszügen aus Chrysanthemenblüten.[14]

frische Eicheln

In Schreinerhandbüchern und anderen Ratgebern wird eine interessante Schutzmethode bei Anobien-Befall erwähnt. Auf bzw. in die Nähe der befallenen Hölzer, am besten auf die Ausfluglöcher, sollen frische Eicheln gelegt werden. Damit locke man die verbliebenen Anobiumlarven aus dem Holz heraus; sie bohren sich in die offenbar attraktiveren Eicheln ein.[15] Interessanterweise konnten diese Erfahrungen in einem kleinen ›Selbstversuch‹ bestätigt werden: Fast einhundert Larven ließen sich so aus einer Möbel-Antiqität aus Kiefer fangen.

Cashewnuß

Im Holzschutz gegen Termiten konnten ermutigende Ergebnisse mit dem Öl aus den Schalen der Cashewnuß erzielt werden. In Brasilien wurden Holzhäuser in termitenverseuchten Regionen damit gestrichen; Ergebnis: Befallsfreiheit (die Termiten verhungern ›lieber‹ als vom Holz zu fressen). Laborversuche mit kesseldruckbehandelten Parana Pine-Proben schließlich bestätigten die hervorragende Wirkung des Cashewnußschalenöls.[16]

Neben der Praxistauglichkeit im Holzschutz ist vor allem die Stabilität der Extrakte gegenüber Sauerstoff- und Lichteinfluß zu klären.

9.5 Soda, Pottasche

Sodalauge und Pottaschelösung (= Holzasche, gelöst in Wasser) wird in manchen baubiologischen Kreisen als vorbeugendes Holzschutzmittel empfohlen. Frühere Anwendungen an Holz im Außenbereich ohne weitere Folgeschäden durch holzzerstörende Organismen gab Anlaß, eine passable Holzschutzwirksamkeit zu erwarten. Wahrscheinlich aber wären Schädlinge ohnehin nicht gewachsen, wurde der Holzschutzeffekt durch den guten konstruktiven Holzschutz erreicht.

ältere, volkstümliche Holzbehandlungsmittel

Verschiedene, teilweise ältere Berichte über die gute Wirksamkeit volkstümlicher anorganischer Holzschutzmittel wie Kochsalz, Alaun, Pottasche und Steinsoda[17] lassen angesichts der exzellenten Wirksamkeit der ebenfalls anorganischen Borate vermuten, daß ein holzschützendes Potential vorhanden ist. Ein weitere Beschäftigung mit dem Thema ist sinnvoll; selbst unter dem Aspekt, daß auch in den Gefährdungsklassen 1 und 2 keine ausreichende Wirksamkeit festgestellt werden kann. Dann ist wenigstens Klarheit geschaffen.

In der Literatur finden sich folgende Empfehlungen der Behandlung bzw. Auslaugung von Holz:[18] Soda bzw. Steinsoda (= Natriumcarbonat Na_2CO_3) wird zu 6 % in Wasser von 15 – 30 °C gelöst und unter Druck ins Holz eingebracht. Zur Oberflächenbehandlung läßt man 150 g Soda in 5 l Wasser aufkochen und streicht die noch heiße Lösung auf das Holz auf. Holzaschenlaugen werden hergestellt, indem Holzasche (Hauptbestandteil i.d.R. 45 – 80 % Kaliumcarbonat K_2CO_3, auch Pottasche genannt) etwa 15 Minuten in Wasser gekocht wird; Verhältnis Asche : Wasser = 1 : 2. Die nicht gelöste Asche wird nach Abkühlen herausgefiltert und mit der klaren Lauge schließlich das Holz behandelt. Der zeitliche Abstand der Behandlungen des bewitterten Holzes beträgt je nach Himmelsrichtung der Fassade 1 – 4 Jahre. Behandlungen im Herbst sollen einen dauerhafteren Schutz ergeben.

aktuelle Beispiele

Zahlreiche Beispiele für mit Pottasche- und Sodalaugen behandelte Häuser gibt es in Tirol.[19] Hier wurden die Laugen mit Bürsten intensiv ins Holz eingearbeitet – ein ungeheurer Arbeitsaufwand, der nach Ansicht des Verfassers in keinem Verhältnis zum erreichten Nutzen steht. Dennoch hat die Methode einen zumindest optischen Nutzen: Das Holz sieht – offenbar infolge der intensiven und regelmäßigen Auslaugung der Oberfläche – auch nach Jahrzehnten der Nutzung noch hell und frisch aus.

9.6 Juvenilhormone

Unter den insekteneigenen, d.h. in den Insekten selbst vorkommenden Wirkstoffen erregen die Hormone besonderes Interesse. Sie können wichtige Hilfsmittel beim insektiziden Holzschutz werden.

Das Juvenilhormon, das beim Schlüpfen der Larve aus dem Ei gebildet und während des gesamten Larvenstadiums ausgeschüttet wird, steuert sowohl die Eireifung als auch die gesamte Entwicklung des Insekts. Solange in der Larve dieses Hormon vorhanden ist, bleibt sie im Larvenstadium. Erst gegen Ende des Larvenstadiums verschwindet das Juvenilhormon und die Entwicklung zur Puppe und schließlich zum Käfer kann einsetzen. Die Anwendung dieses Hormons als Schutzmittel greift demnach in die Entwicklungsphasen ein, in denen es natürlich nicht vorhanden ist: bei der Eibildung und Eireifung sowie kurz vor und während der Verpuppung. Es konnte bereits nachgewiesen werden, daß mit dem Hormon künstlich getränkte Holzproben beim Lyctus die bereits gelegten Eier in ihrer weiteren Entwicklung störten und zu einem Absterben von Eiern, Embryonen und sehr jungen Larven führten. Bei den Puppen hingegen kann eine weitere Häutung nicht erfolgen; die Insekten sterben vorzeitig, ohne sich zum fertigen Käfer entwickelt zu haben.[20]

Entwicklungshemmung von Eiern und Larven

Ein ähnliches Wirkungsprinzip der Entwicklungshemmung liegt beim Neem vor (s. S. 127-128). Dieses Prinzip kann ein künftig sehr erfolgversprechendes Holzschutzkonzept ergeben. Davon zeugen die bereits intensiven Anstrengungen der Hersteller konventioneller Holzschutzmittel bei der Entwicklung synthetischer Häutungshemmstoffe bzw. Hormonmimetika.[21]

10. ... und die Folgen? (Ausblick)

Ökologisch konsequenter Holzschutz mag, wenn lediglich die z.Zt. noch höheren Preise für ökologische Holzschutz*mittel* gewertet werden, zunächst teurer erscheinen als der konventionelle (= chemische) Holzschutz. Dieses Verhältnis verkehrt sich aber ins Gegenteil, wenn die Benutzung von Umweltgütern für Gewinnung, Produktion, Nutzung und Entsorgung einmal in die Marktpreise der Holzschutzmittel und damit auch in den Preis chemisch geschützten Holzes Eingang finden. Dann werden die ökologischen Vorzüge des mit natürlichen Mitteln geschützten Holzes auch wirtschaftlich zum Tragen kommen.

ökonomische Vorzüge des ökologisch geschützten Holzes

Die natürliche Schadensvermeidung und Werterhaltung umfaßt jedoch weitaus mehr als nur die Anwendung eines vorbeugenden oder bekämpfenden Naturpräparates. Viel wichtiger noch – und das dürfte in diesem Buch deutlich geworden sein – sind

- die genaue Kenntnis der biologischen Schadensvoraussetzungen der pflanzlichen und tierischen Holzschädlinge;
- sorgfältige Planung des Holzeinsatzes bereits vor der Anlieferung auf der Baustelle;
- holzgerechte Konstruktion und Planung der Holzbauteile zur Vermeidung der Schadensvoraussetzungen (konstruktiver Holzschutz);
- ein maßvoller Einsatz resistenter einheimischer Holzarten aus nachhaltiger Forstwirtschaft;
- periodische Kontrollen auf Befallsfreiheit und zur Erkennung eventueller Gefährdungen;
- die Schaffung reparatur- und wartungsfreundlicher Konstruktionen.

Der Schwerpunkt dieses ›giftfreien‹ Holzschutzes liegt deutlich auf der Vermeidung unzuträglicher hoher und langer Auffeuchtung durch konstruktive Methoden. »Wird Holz im Freien verbaut und überdacht und somit gegen direkte Bewitterung (Niederschläge, intensive Sonnenwärmeeinwirkung) geschützt, dann ist es – auch ohne jeden chemischen Holzschutz – von praktisch unbegrenzter Lebensdauer. Dabei ist unterstellt, daß ein konstruktionsgefährdender Insektenbefall in aller Regel nicht auftrittt.« Diese Aussage stammt nicht von ökologischen Sektierern im Holzbau, sondern kommt aus unverdächtiger Quelle.[1] Sie zeigt klar die künftigen Prämissen im Holzbau und bei der Holzverwendung.

Schwerpunkt des ökologischen Holzschutzes: Trockenheit

Es muß vorausgesetzt werden, daß ›Holzeigentümer‹, BauherrInnen, das Handwerk und vor allem die stark zunehmenden Holz- und Bautenschutzbetriebe zwischen ästhetischen (z.B. Vergrauung des Holzes) und funktionalen Mängeln deutlich zu unterscheiden wissen. Besonders bei der letzteren Berufsgruppe ist noch viel Aufklärungsarbeit zu leisten. Verbraucher dürfen darüberhinaus tolerierbare, meist ästhetische Mängel nicht unkontrolliert reklamieren und zum Anlaß für – oftmals rechtsschutzversicherungsgeförderte – juristische Auseinandersetzungen machen.

wichtig: sorgfältige Planung des Holzbaus

Wird die natürliche Form der Schadensvermeidung und Werterhaltung konsequent angewendet, sind folgende Auswirkungen zu erwarten, über die man sich im klaren sein sollte:[2]

- höherer Planungsaufwand, damit die richtigen, auf Bauweise und Architektur abgestimmten Maßnahmen ausgewählt und die verschiedenen Aufträge rechtzeitig an Sägewerke, Holzhändler, Zimmerleute, Dachdecker, Schreiner etc. erteilt werden;
- höhere Kosten für Planung, Holzlagerung, ggf. technische Trocknung, Produktions- (wg. Holzfeuchte im Bauzustand) und Bauwerkskontrollen;
- erhebliche Verringerung von Aufwand und Kosten für weitere Schutzmaßnahmen mit Holzschutz*mitteln* und für Bauwerksunterhalt (Instandhaltungs- und Instandsetzungsmaßnahmen);
- geringere, teilweise keine Kosten für spätere Entsorgung des Rest- und Altholzes, da weniger Mengen bzw. kein behandeltes Holz anfällt;
- verlängerte Funktionsdauer des Holzbauteils oder -bauwerks;
- kein Risiko für Mensch und Umwelt.

Nicht zuletzt ein besseres Image des Werkstoffs Holz führt dazu, andere Baustoffe mit teilweise fossiler Rohstoffbasis – zumindest bei der Gewinnung der notwendigen Energie – vom Markt zu verdrängen. Hierfür bietet sich Holz geradezu an: Es wächst immer wieder nach, dient als CO_2-Speicher, kann nach der Erstnutzung problemlos zu anderen Holzbauteilen oder – unbelasteten! – Holzwerkstoffen weiterverwendet (stoffliche Kaskadierung)[3] und schließlich restlos in ökologische Kreisläufe integriert werden.[4]

großes Potential für Holz im Bauwesen

Das zur Verfügung stehende Potential ist gewaltig: Der Holzhausbau in Skandinavien oder in Nordamerika hält 80 – 90 % des Bauvolumens, während er in Mitteleuropa wenig verbreitet ist und z.B. in der Schweiz nur 5 % hält.[5] Dies richtet sich bevorzugt an Planer und Architekten. In Skandinavien gibt es nur wenige Architekten, die vom Holz und Waldreichtum der borealen Wälder nicht beeinflußt sind. Die Möglichkeiten für den Einsatz des Baumaterials Holz für das städtische Bauen gehen dabei bis zu viergeschossigen Wohnsiedlungen. Spektakuläre Projekte wie der neue Flughafen-Terminal des Osloer Flughafens zeigen, welch kühne Konstruktionen moderne Holzbautechnik möglicht macht.[6]

Auch in Deutschland wird das Dornröschen ›Bauen mit Holz‹ allmählich wachgeküßt. In einigen Bundesländern dürfen nach Änderung der Landesbauordnungen nun dreigeschossige Bauten in Holzbauweise ausgeführt werden. Es ist sogar ein Modellprojekt mit vier Geschossen in reiner Holzbauweise ausgeführt worden; weitere sollen folgen.[7] Aufgrund veränderter gesetzlicher Rahmenbedingungen, einer geänderten Bewußtseinslage in der Bevölkerung zugunsten ökologischer Bauweisen,[8] einem verbesserten Angebot von hochtechnologisch entwickelten Halbfabrikaten und einer möglichen rationellen Planung, Fertigung und Montage von Häusern in Systembauweisen aus Holz wird künftig der Holzanteil am Bau stark expandieren.

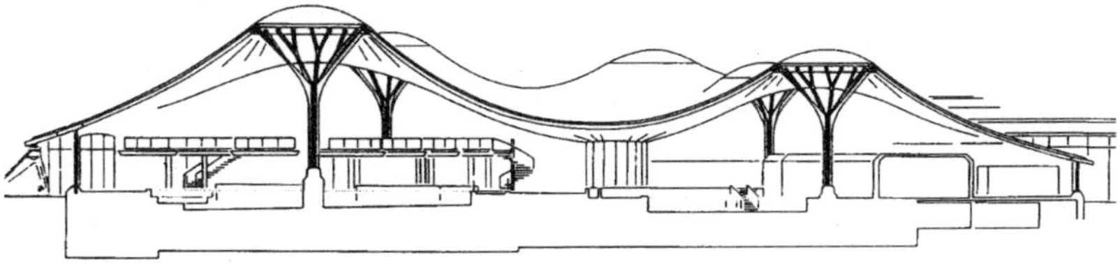

Abb. 61: Leistungsfähigkeit und künftige Bedeutung des modernen Holzbaus spiegelt das Solebad in Bad Dürrheim, eine Holzkonstruktion mit Holzrippenschalung und baumartig verzweigten Stützen, teilweise ohne Metallverbindungen (Quelle: Arbeitsgemeinschaft Holz e.V. 1989)

Ökologisch konsequente und umweltbewußte Verarbeitung – wer erwartet das letztlich nicht von den Unternehmen des Holzhandwerks und des Holzhandels? Damit der schöne Schein nicht trügt, müssen auch wenig taugliche und eher unseriöse Methoden genannt und offengelegt werden. So werden Enttäuschungen vermieden, so bekommen natürliche Werterhaltung und Schadensvermeidung mehr Transparenz, so wird auch einem möglichen Rufschaden des ökologischen Holzschutzes vorgebeugt.

Typische Charaktereigenschaften machen Holz auch künftig unverwechsel- und unersetzbar

Zu ökologisch konsequentem Handeln bei Holzverwendung und Holzschutz gehört auch, sich auf die Eigenheiten des Holzes einzulassen. Holzfehler – Äste, Verfärbungen, Wuchsunregelmäßigkeiten sind im eigentlichen Sinne keine Holz*fehler* sondern typische, unverwechselbare Charaktereigenschaften des jeweiligen Baumes – sind zu akzeptieren, wo es konstruktiv möglich ist. Dies erhöht die Holzausbeute ... und sorgt für Eigenwilligkeit, Lebendigkeit und Unverwechselbarkeit beispielsweise einer hölzernen Tür. Das gute Stück hätte nicht nur ein Gesicht, sondern eine richtige Biografie. Daraus sprudeln dann die Geschichten, weil das Holz Erinnerungen weckt an den Baum auf der Wiese oder am Waldrand, in den sich die Spuren der Zeit sichtbar oder auch unsichtbar eingeprägt haben.

Natürliche Schadensvermeidung und Werterhaltung als Impuls zur ökologischen Erneuerung

Gleichwohl – natürliche Schadensvermeidung und Werterhaltung können dem Holzbau und der Holzverwendung Impulse zu einer grundlegenden ökologischen Erneuerung geben. Diese Branche von erheblicher volkswirtschaftlicher Bedeutung, mit einem so reichen Angebotsspektrum und weitreichenden technologischen, kulturellen und ästhetischen Auswirkungen sollte die Herausforderung annehmen.

11. Anhang

11.1 Anmerkungen

Holz als Grundstoff für ein ökologisches Zeitalter

1 Fischer 1994b

2 Leiße 1992

3 Landgericht Frankfurt : Urteil 5/26 Kls 65 Js 8793/84 vom 25. Mai 1993 (im Okt. 1993 veröffentlicht als Broschüre der IHG Interessengemeinschaft der Holzschutzmittel-Geschädigten e.V., Engelskirchen, unter dem Titel »Das Urteil«). »Statt des Hinweises ›Gesundheitsschäden sind nicht nachgewiesen‹ hätte es nach dem damaligen Kenntnisstand der Angeklagten – so die Richter – heißen müssen: ›Gesundheitsschäden sind zu befürchten.‹ [Anonym 1993a].

4 Siehe hierzu eine grundlegende Schrift von Chr. Schütze [Schütze 1989].

5 Für mit Chrom-Kupfer-Arsen-Salzen imprägniertes Bauholz würde mit rund 3000,- DM/m^3 z.B. das rund »4- bis 6-fache« des gegenwärtigen Preises zu entrichten sein [Anonym1993b].

6 Anonym 1994a. Die Arbeitsgemeinschaft Holz, Düsseldorf, sah sich genötigt, diese Werbung eines Kunststoffenster-Herstellers mit juristischen Schritten anzugehen und zu untersagen. Trotz dieses juristischen Sieges: Die Holzbefürworter sind in großer Argumentationsnot bei imprägnierten, nicht recyclingfähigen Holzprodukten.

7 Kabelitz 1992

8 Anonym 1994b. Dieses Investitionsvolumen von 12 Mio. DM ist aber erst dann sinnvoll eingesetzt, wenn diese Kampagne nicht nachläßt und auf allen Ebenen – auch und vor allem mit finanziellen Mitteln – forçiert und ausgeweitet wird.

9 Mittelfristig hingegen sind sie durch geeignetes Marketing anzuschieben, ist die Konversion der Industrie hin zur Nutzung ausschließlich nachwachsender Rohstoffe und erneuerbarer Energiequellen intensiv zu befördern – wozu dieses Buch einen Beitrag leisten möchte.

10 Frühwald, Wegener et al. 1994

11 Zum Vergleich: Holzträger erfordern lediglich einen Energieverbrauch bei gleicher Lastaufnahmefähigkeit von ca. 59 % des Kalksandsteinmauerwerks, 28 % des Stahlbetons und 11 % des Stahlträgers. [Nach Hilsdorf, Kropp 1992]

12 Radkau 1994, S. 2 – 3.

13 Es ist ein Trugschluß zu glauben, daß die Tropenwälder nachhaltig bewirtschaftet werden können. Nachhaltige Nutzung von Tropenwäldern ist nach Meinung zahlreicher Wissenschaftler nur durch Ernte von Früchten, Medizinpflanzen, Blüten, Rattan, Ölen, Harzen, Naturgummimilch etc. möglich, nicht aber, wenn Bäume abgeholzt werden. Die Fruchtbarkeit der Tropenwälder steckt nicht wie in unseren Breiten in den Böden, auf denen immer wieder Bäume nachwachsen können, sondern im Zusammenspiel zwischen Bäumen und Boden; die Nährstoffe sind in den Pflanzen selbst gespeichert. [Nach Veit 1995]

14 Lips-Ambs 1995, S. XXII

15 Verfügbarkeitsprobleme entstehen nicht: Selbst bei einer raschen Verdoppelung des heutigen Marktanteils des Holzbaus am Hochbau werden lediglich die Holzmengen vom Markt aufgenommen, die bei einer ökologisch sinnvollen Forstnutzung ohnehin anfallen. [Winter 1995]

16 Das griechische Wort »oikonomia« bedeutet »sinnvolles Haushalten«.

17 Fischer 1994a

Gefährdung von verbautem Holz durch Schädlinge

1 Bereits 1957, lange vor der Vermarktung chemischer Holzschutzmittel beim breiten Heimwerk-Publikum, warnte der ausgezeichnete Holzfachmann Ewald König vor der Übertreibung der dem Holz drohenden Gefahren seitens interessierter Kreise, warnte er vor »geschickten Fomulierungen (und) einer Reklametechnik, die als solche oft gar nicht erkannt wird« [König 1957, S. 15].

2 So wurde beispielsweise von einer Invasion von Termiten gesprochen, obwohl sie für Mitteleuropa völlig untypisch sind [Anonym 1988]; sogar harmlose UV-Strahlen des Sonnenlichts wurden zum Hauptfeind des Holzes erklärt [Kier 1990]; der Hausschwamm breite sich aus und grassiere [Anonym 1993c. Maurer 1989]. Die Folge der Überdramatisierung: eine außer Kontrolle

geratene Anwendung chemischer Holzschutzmittel vor allem in den 70er und 80er Jahren dieses Jahrhunderts.

3 Beispiele hierfür finden sich sogar in jüngster Zeit: Die beispiellose Vernichtung der Altstadt von Lhasa (Tibet) durch die Chinesen; die wahnsinnigen Pläne d. rumänischen Diktators Ceaucescu zur Zwangsumsiedlung der Landbevölkerung und Zerschlagung alter bäuerlicher Strukturen; der Braunkohletagebau Garzweiler im Rheinland mit der geplanten Vernichtung dutzender kompletter Dörfer.

4 In diesem Kapitel über die Gefährdung von Holz können die Biologie und Ökologie der beschriebenen Organismen nur angeschnitten, keineswegs aber erschöpfend besprochen werden. Bei näherem Interesse sei auf die weiterführende Literatur verwiesen, der auch die hier angegebenen Daten und Grundlagen entnommen wurden, soweit nichts anderes angegeben ist: Bavendamm 1974. Grosser 1985. König 1957. Sutter 1986.

5 Daher wird der Hausschwamm in der Praxis bisweilen auch als ›Mauerschwamm‹ bezeichnet. Dieser Begriff ist jedoch irreführend, da der Hausschwamm ausschließlich Holz, Holzprodukte und ähnliche organische Substanzen abbaut, während er das Mauerwerk nicht direkt angreifen und abbauen kann. Er kann es lediglich durchwachsen.

6 Hölzer größeren Querschnitts trocknen im Inneren zu langsam, bisweilen gar nicht aus, so daß dort immer ein für Pilze förderliches Feuchteniveau herrscht. Wegen der typischen Lebensweise als Substratpilz (ein Pilz, der im Inneren des Holzes lebt) ist gerade dieser Umstand den Blättlingen förderlich. So ist der Zaunblättling im Wald der häufigste und auffälligste Pilz an älteren Nadelholzstümpfen auf Kahlschlägen.

7 Beim Tannenblättling beträgt die Trockenstarre zwischen 5 und 7 Jahren; der Balkenblättling hingegen kann noch nach rund 10 Jahren Trockenstarre lebensfähig sein.

8 Bellmann 1961

9 Becker, Kaune 1966

10 Findlay, Savory 1954

11 Die optimale Entwicklungstemperatur der Hausbockkäferlarve liegt zwischen 28 und 32 °C. Bei dieser Temperatur stellt die Nagekäferlarve bereits ihr Wachstum ein (ihre optimale Entwicklungstemperatur liegt um 22 °C).

12 Dies ist offenbar der Grund gewesen, warum von Seiten der Hersteller konventioneller Holzschutzmittel durch Werbung und PR in der Öffentlichkeit der Eindruck erweckt worden ist, ein insektenvorbeugender Holzschutz sei auch für Wohnräume mit diesen niedrigen Holzfeuchten erwägens- und teilweise empfehlenswert.

13 Oft wird von zahlreichen Laien fälschlicherweise der Begriff ›Holzbock‹ benutzt. Der Holzbock ist jedoch kein holzbewohnendes Insekt sondern eine Zeckenart.

14 Der Befallsursprung liegt meist beim Importeur, Holzhändler oder Verarbeiter (der befallenes Importholz eingekauft hat). Nicht selten enthält das eingebaute Holz ›Lebendbefall‹. Da dieser innerhalb der Gewährleistungszeit (nach VOB 2 Jahre, nach BGB 5 Jahre) sichtbar wird, kann der Lieferant zum Schadensersatz herangezogen werden.

15 Als »rechte« Seite bezeichnet man beim Tangentialschnitt die dem Kern, als »linke« Seite die der Rinde zugekehrte Brettseite. Für hochwertige Zwecke (z.B. für Rahmenkonstruktionen) sollte man daher ausgeprägt tangential geschnittenes Holz im frei bewitterten Außenbereich vemeiden.

16 Willeitner, Schwab 1981, S. 19

17 DIN 1052 Teil 1: Ist die Holzfeuchte beim Einbau höher als a) 9 (± 3) % bei allseitig geschlossenen Bauwerken mit Heizung und 12 (± 3) % bei allseitig geschlossenen Bauwerken ohne Heizung, b) 15 (± 3) % bei überdeckten, offenen Bauwerken, und c) 18 (± 6) % bei Konstruktionen, die der Witterung allseitig ausgesetzt sind, so darf dieses Holz nur für solche Bauteile verwendet werden, bei denen es nachtrocknen kann.

18 Leider wird bei der industriellen Verarbeitung von hellen Tropenhölzern zu Fertigbauteilen wie z.B. Türen, Wandverkleidungen oder auch zu Holzwerkstoffen die gebotene Sorgfalt völlig mißachtet. Eingeschleppter Befall ist die Folge.

19 Willeitner 1992

20 Grundsätzlich können Insekten zwar in diesem Anwendungsbereich leben, doch aufgrund der ständig wechselnden Holzfeuchte und des rel. niedrigen jährlichen Temperaturmittels ist das Schadensrisiko sehr gering. Falls tatsächlich Insektenbefall auftritt, kann er rasch erkannt und relativ einfach bekämpft werden. Eine vorbeugende insektenwidrige Holzschutzmaßnahme ist nicht erforderlich.

21 Das Kürzel »0« (Null) bedeutet keine Gefährdung durch holzzerstörende Organismen; »W« deu-

tet an, daß lediglich Witterungsbeanspruchung zu erwarten ist.

22 »0« (Null) = keine Gefährdung durch holzzerstörende Organismen; »iW« = indirekte Witterungsbeanspruchung.

23 Hier herrschen üblicherweise aufgrund der hohen Lufttemperaturen nur eine rel. geringe Luftfeuchte und daher nur eine rel. geringe Holzfeuchte. Besonderes Augenmerk muß aber auf den Wärme- und Tauwasserschutz gelegt werden.

24 Die Wasserdampf-Konvektion hat sich im Holzbau als weitaus gefährlicher erwiesen als die Wasserdampfdiffusion. Dabei werden mit der Raumluft durch Konvektion große Wasserdampfmassen an kalte Stellen innerhalb des Bauteilquerschnitts geführt, wo sie als Tauwasser ausfallen. Bei einer vollflächig luftdichten Schicht – auch bei Durchdringungen – an der Raumseite der hölzernen Außenwand-, Decken- oder Dachkonstruktion ist diese Konvektion nicht vorhanden.

25 Schulze 1991, S. 19

26 Allseitige Abdeckung sowie die Bedingungen der Kontrollierbarkeit zählen bereits zum vorbeugenden konstruktiven Holzschutz. Sie sind daher in den Kap. 3 und 4 näher erläutert.

Bewährte vorbeugende Holzschutzmaßnahmen

1 Nach: Kollmann 1951, S. 312 – 315. DIN 68 364. Sell 1987. Leider fehlen hier wichtige Erfahrungen, so daß von der Forschung gesicherte Angaben noch beizubringen sind.

2 Vgl. auch Brüninghoff, Luther 1990.

3 Resistenzklassen »1« und »1 bis 2« nach DIN 68 364. Einstufung der Widerstandsfähigkeit als »sehr groß« bzw. teilweise als »groß« nach Sell 1987. *Kursive Schrift:* botanische Namen.

4 Hölzer mit einer geringeren Dicke – unabhängig, wie breit sie sind – trocknen ohne Erd- oder Wasserkontakt bei normaler Belüftung erfahrungsgemäß mit ausreichend rascher Geschwindigkeit aus, so daß sich im Holzinneren kein Feuchtestau bildet [Graf 1995b]. Hier sind Schmutzablagerungen in kleinen Rissen tolerierbar.

5 Zur Erhöhung der Eindringtiefen und bei schwer tränkbaren Holzarten wie Fichte und Douglasie kann eine mechanische Vorbehandlung (z.B. Schlitz- oder Loch-Perforation) vorgesehen werden.

6 Resistenzklassen »2« und »2 bis 3« nach DIN 68 364. Einstufung der Widerstandsfähigkeit hauptsächlich als »groß«, als »ziemlich groß« bzw. teilweise als »mittel bis groß« nach Sell 1987. *Kursive Schrift:* botanische Namen.

7 Resistenzklassen »3« und teilweise»3 bis 4« nach DIN 68 364. Einstufung der Widerstandsfähigkeit als »mittel bis groß«, als »mittel« sowie teilweise als »gering bis mittel« nach Sell 1987. *Kursive Schrift:* botanische Namen.

8 Das Kernholz der Kiefer erfährt im älteren Schrifttum eine im Vergleich zu Lärche und Douglasie unterschiedliche Bewertung der Widerstandsfähigkeit gegen Pilze und Insekten. Neueste europäische Vorschriften (z.B. DIN EN 350 T. 2) nehmen aber gleiche Einstufungen vor. Diesen wird auch hier gefolgt, so daß die genannten Nadelhölzer gleich zu bewerten sind.

9 Vgl. DIN 4108 Teil 2 und Teil 3.

10 Schulze 1991

11 Die DIN 4108 Teil 3 gibt weiterführende Hinweise. Die Tauwassermasse darf ingesamt 1,0 kg/m^2 nicht überschreiten und nicht größer sein als die in den Sommermonaten verdunstende Wassermasse. Zudem darf Tauwasser den massebezogenen Feuchtegehalt von Holz um nicht mehr als 5 % und von Holzwerkstoffen um nicht mehr als 3 % erhöhen. Wer sich für die statisch und bauphysikalisch richtige Ausführung von Außenwänden und Dächern in Holzbauart näher interessiert, sei verwiesen auf Schulze 1991 und Schulze 1996. Der rechnerische Nachweis des Tauwasserschutzes für Außenbauteile (›Glaserverfahren‹) ist in der DIN 4108 Teil 5 verankert.

12 Voraussetzungen: Außenlufttemperatur -10 °C; Dauer 60 Tage; Raumlufttemperatur + 5 °C bei 50 % rel. Raumluftfeuchte und Raumlufttemperatur +10 °C bei 45 % rel. Raumluftfeuchte. [Schulze 1991]

13 Schulze 1991

14 Unterscheidungen sind z.B. durch chemische Reagenzierung, durch Feuchtigkeitsnachweise oder durch Ermittlung des unterschiedlichen Absorptionsvermögens möglich; Näheres siehe Fachliteratur [z.B.: Cymorek 1980. Sandermann, Hausen, Simatupang 1967.].

15 Werden die in Abb. 37 und 38 dargestellten Konstruktionen für die Eindeckung von Hallen

oder allgemein Gebäuden mit größerer Raumhöhe über 3 m verwendet, so sind sie mangels ausreichender Kontrollierbarkeit nicht mehr als ungefährdet anzusehen (d.h., bei tragenden und aussteifenden Bauteilen kann auf einen Holzschutz mit Präparaten nicht mehr verzichtet werden).

16 Leiße 1994

Vorbeugender konstruktiver Holzschutz

1 Zitiert nach Sell 1977.

Bekämpfung eines vorhandenen Schädlingsbefalls

1 Grosser 1992

2 Becker, H. 1980. Grosser 1979.

3 Achtung, Hausschwammbefall ist in zahlreichen Bundesländern bei den Bauaufsichtsbehörden meldepflichtig; hierfür sind die für den ordnungsgemäßen Zustand des Gebäudes verantwortlichen Personen zuständig.

4 Becker, H. 1980. Grosser 1985.

5 Zur Bekämpfung holzzerstörender Pilze liegt eine umfangreiche Fachliteratur vor. Sofern nichts anderes angegeben wurde, sind die wichtigsten Angaben und Daten den folgenden Literaturquellen entnommen worden: DIN 68 800 Teil 4. EMPA, LIGNUM 1985. Grosser, Eichhorn, Grabow 1991. Becker, H. 1980. Grosser 1985.

6 Weitgehend zerstörungsfreie Untersuchungen können zwar mit einem Endoskop oder durch die Entnahme von Bohrkernen ausgeführt werden. Diese Methoden lassen jedoch keine sicheren Aussagen über die tatsächliche Befallsausdehnung des Hausschwamms zu. Sie sind vielmehr als Methoden zu verstehen, die die Freilegungen begleiten können, um weniger schwammverdächtige Bereiche oder wertvolle Bausubstanz zerstörungsarm vorzuuntersuchen. Oft läßt sich Befall mit einem Hammer feststellen (dumpfer Klang befallener Bereiche).

7 Bei Holzbalkenkonstruktionen kann dieser Abstand von 1 m zu statischen Problemen bei Anlaschungen führen. In diesem Fall kann der Sicherheitsabstand auf 50 cm reduziert werden, sofern im Abstand von 50 cm des sichtbaren Befalls das Holz frei von Substratmycel ist. Infiziertes oder infektionsverdächtiges, aber in seiner Struktur und Festigkeit noch unverändertes Holz darf nur am Bau verbleiben, wenn es mit einem pilzwidrigen Holzschutzmittel (hier: Borsalze) im Bohrlochtränkverfahren imprägniert wird.

8 Sofern nichts anderes angegeben wurde, sind die wichtigsten Angaben und Daten den folgenden Literaturquellen entnommen worden: DIN 68 800 Teil 4. EMPA, LIGNUM 1986. Becker, H. 1980. Grosser 1985. Sutter 1986.

9 Bei denkmalgeschützten Konstruktionen oder Gegenständen sind in Absprache mit den Denkmalbehörden Sonderregelungen möglich. Holzschichten, die von einzelnen Fraßgängen durchzogen sind, aber noch Festigkeit besitzen, brauchen natürlich nicht entfernt zu werden. Auch bei der Anwendung physikalischer Methoden kann man auf die umfassende Beseitigung der vermulmten Teile verzichten.

10 Pallaske 1995. Graf 1989. Graf 1993.

11 Graf 1993

12 Auch wenn die Larvenentwicklung schon sehr weit fortgeschritten und mit baldiger Verpuppung zu rechnen ist, wenn also der Hauptschaden im Holz bereits vorliegt, empfiehlt sich ein verzögert wirkendes Schutzmittel. Achtung, das Spätstadium der Larvenentwicklung läßt sich nur von sehr versierten Fachleuten feststellen.

13 Graf 1995a

14 EMPA 1988

15 Zur Heißluftbehandlung liegen zahlreiche Publikationen vor. Die hier vorliegenden Angaben erfolgen, sofern nicht anders vermerkt, nach den folgenden Quellen: Arbeitskreis deutscher Bautenschutzpraktiker 1965. Becker, Loebe 1961. Becker, G. 1962, S. 19 – 28. Becker, H. 1984. DIN 68 800 Teil 4. Schmidt, Schneider 1957. Grosser, Weißbrodt 1987.

16 Hier können auch verzögert bekämpfend wirkende Borsalze mittels Bohrlochtränkung angewendet werden (s. S. 90-91).

17 Dies geht aus frühen Untersuchungen von Mitarbeitern der Bundesforschungsanstalt für Forst- und Holzwirtschaft, Hamburg, hervor [Schmidt, Schneider 1957. Schmidt, Schneider 1958.].

18 Becker, H. 1984
19 Rudolphi 1995. Paul 1990. Vgl. auch Anonym 1995c.
20 Für das Mycel: Miric, Willeitner 1984. Für die Sporen: Hegarty, Buchwald et al. 1986.
21 Rudolphi 1995
22 Die abgebildeten Fotos wurden bei den richtungweisenden Versuchen von Rudolphi erstellt [Rudolphi 1995].
23 Unger 1984. Krames 1995.
24 Tscholl 1975
25 Die weitere Beschreibung ist nicht Thema der hier vorliegenden Arbeit. Sie ist in einem weiteren Buch der Reihe »Sanfte Chemie« nachzulesen [Leiße 1994].

Natürliche Holzschutzmittel

1 Graham 1954
2 Berzelius 1828, S. 1135 – 1181
3 Anonym 1978
4 Tóth, Wittkowski 1985
5 ppm = part per million
6 Degussa 1986
7 Anonym 1983a
8 DFG 1990, S. 81
9 Tóth, Wittkowski 1985
10 Ergänzend dazu sei darauf hingewiesen, daß »auch in der Tierhaltung ... die therapeutische Wirkung des Holzteeres bekannt (ist). Besonders gern nimmt das Schwein bzw. das Wildschwein Holzteer an und auf. Die Wildschweinkenner berichten dies, und man streicht deshalb gelegentlich die Mahlbäume damit an.« [Zitat aus Bielenberg 1963, S. 103]
11 Paulus 1989
12 Radkau, Schäfer 1987, S. 118 – 129
13 Berzelius 1828, S. 1135 – 1181. Leiningen-Westerburg 1925. Rubner 1942, S. 791 – 796.
14 Ullmann 1930, S. 163
15 Lange 1920, S. 339
16 Rubner 1942, S. 795
17 Siehe z.B.: Anonym 1978. Neumüller 1983, S. 1742. Brocksiepe 1981.
18 Peek 1984. Anonym 1985b.
19 Anonym 1992b
20 Verordnung zum Schutz vor gefährlichen Stoffen (Gefahrstoffverordnung – GefStoffV) 1993, Anhang IV Nr. 13

Verfahren zur Anwendung von Holzschutzmittteln

1 In den neuen Bundesländern – und nun beginnend auch im übrigen Bundesgebiet – wird auch das Schaumverfahren angewendet. Hierbei werden den wäßrigen Lösungen der Holzschutzmittel Tenside (Verschäumungsmittel) hinzugefügt, nach intensivem Vermischen wird mit einem Niederdruck-Luftfördergerät die zu imprägnierende Holzkonstruktion eingeschäumt.
2 Das Bohrlochschema hängt grundsätzlich von der Befallsstärke des Pilzes und der Art des Mauerwerks ab. In der Praxis wird auch mit einem Bohrlochdurchmesser von rund 12 – 16 mm und mit bis zu 24 Bohrlöchern pro m^2 gearbeitet.

Ungeeignete Methoden des natürlichen Holzschutzes

1 Dies läßt sich besonders in baubiologischen Schriften der 80er Jahre feststellen [z.B.: Weissenfeld 1983, S. 54].
2 Zitate jeweils nach Prospektangaben. Ähnliche Ausführungen finden sich auch in König, Dwornik 1986/1994, Kap. 11.7.3.
3 Bavendamm 1974
4 Grosser 1985. Bavendamm 1974.
5 Schumacher 1995. Blech 1995.
6 In zahlreichen Schriften werden wertvolle Informationen und Verarbeitungshinweise für die Verwendung von Bienenwachsen zur Holzoberflächenbehandlung gegeben. Darunter befinden sich

auch sehr engagierte und richtungweisende frühe Schriften, die aber leider (fahrlässig ?) diesen irrigen Hinweis zum Schutz vor tierischen Holzschädlingen enthalten [z.B. Schneider 1980].

Neue Ansätze für einen natürlichen Holzschutz

1 Intensive Untersuchungen über dieses Phänomen fanden bereits in den 20er und 30er Jahren dieses Jahrhunderts statt. Die wichtigsten Quellen: Gäumann 1930. Gäumann 1938. Knuchel 1930. Knuchel 1935.
2 Hinterseer 1982
3 Boutelje, Nilsson 1985. Boutelje, Rasmussen 1985.
4 Wazny, Krajewski 1984
5 Grosser 1979
6 Siehe unter anderem in: Jacobson 1989. Joseph, Karnavar 1989.
7 Die Untersuchung wurde in Anlehnung an DIN EN 46 durchgeführt.
8 Wulf, Scheidemann 1992
9 Patentschrift DE 39 12 059 C 2 vom 23.4.1992
10 Anonym 1995a
11 Gildemeister, Hoffmann 1931, S. 1056
12 Lyr 1960. Becker, G. 1963. Rennerfelt, Nacht 1955. Vgl. auch Roff, Whittacker, Eades o.J.
13 EMPA 1978. Nach 12-wöchiger Windkanalalterung war die Wirkung gegen Insekten weitgehend verschwunden – Grund genug für weiterführende und vor allem wirkungsstabilisierende Untersuchungen.
14 Anonym 1992a. Schwarzer Pfeffer kommt in 10 Teilen übrigens gemeinsam mit 10 Teilen schwarzem Senf, 10 Teilen zerschnittenem Knoblauch, 10 Teilen zerschnittenem Wermut, 10 Teilen Natriumchlorid und 1000 Teilen Essig in einem älteren Rezept »zum Schutz gegen Holzwurm« vor [Buchheister 1919, S. 540].
15 Lange 1920, S. 872. Anonym 1985a.
16 Lepage, de Lelis 1980
17 Anonym 1983b. Moll 1915. Patek 1925, S. 341 (Stichwort ›Schindel‹).
18 Löfflad 1978. Anonym 1983b.
19 Löfflad 1978
20 Wälchli, Tscholl 1975. Wälchli 1982.
21 Pallaske 1995

... und die Folgen (Ausblick)

1 Schulze 1991, S. 20
2 Vgl. auch Graf 1993.
3 Fraanje 1995
4 Hier haben Aufklärung, seriöse Wissenschaft und ökologisch konsequentes Marketing noch viele Aufgaben. Das Schäfchen ›naturbelassenes Holz‹ ist zwar ökologisch unverwundbar gegenüber Kritik, doch oft kommt der Wolf, mit Kreide in der Kehle, und verkündet zur Beförderung eines Betonsteines z.B.: »... Holz wird gesägt und gestrichen und gehört somit zu den künstlichen Baustoffen.« [Steurer 1994]. Der Flurschaden, den jahrzehntelang exzessiv ausgeübter chemischer Holzschutz hinterlassen hat, zeigt sich am Ruf des Holzes.
5 Anonym 1994c
6 Anonym 1996
7 Münster 1995. Anonym 1995d.
8 Einer Studie des Öko-Zentrums NRW, Hamm, zufolge wollen bereits jetzt 35 % der privaten Bauherren und 28 % der öffentlichen Auftraggeber ökologische Belange berücksichtigt sehen. [Anonym 1995b]

11.2 Literaturverzeichnis

Anonym: Holzkohle aus Buchenholz. In: Holz als Roh- und Werkstoff 36. Jg. (1978) S. 454

Anonym: Räucherung von Lebensmitteln. In: Forschung – Mitteilungen der DFG (Deutsche Forschungsgemeinschaft) Nr. 1 (1983)a S. 29

Anonym: Auf chemische Mittel verzichten? In: Bauen + Fertighaus Nr. 11/12 (1983)b S. 99 – 108

Anonym: Wie wirksam sind Holzschutzmittel – wie giftig muß Holzschutz sein. In: BM Bau- und Möbelschreiner Nr. 2 (1985)a S. 98.

Anonym: Fungizide Wirksamkeit von Holzgaskondensat. In: Holzforschung und Holzverwertung 37. Jg. Nr. 5 (1985)b S. 107

Anonym: Termiten in Mitteleuropa. In: Holz-Zentralblatt 114. Jg. Nr. 46 (1988) S. 654

Anonym: Insektizide Wirkung von schwarzem Pfeffer und dessen Komponenten. In: SÖFW-Journal 118. Jg. Nr. 13 (1992)a S. 783

Anonym: Prämierte schwedische Holzarchitektur. In: Holz-Zentralblatt 118. Jg. Nr. 113 (1992)b S. 1776 – 1777

Anonym: Bewährungsstrafe und Schadenersatz. Gericht erkennt auf Körperverletzung durch Holzschutzmittel. In: Süddeutsche Zeitung vom 26.5.1993a, S. 12

Anonym: Öko-Steuern auf behandeltes Holz? In: Holz-Zentralblatt 119. Jg. Nr. 73 (1993)b S. 1177

Anonym: Der Hausschwamm breitet sich aus. In: Holz-Zentralblatt 119. Jg. Nr. 116 (1993)c S. 1805

Anonym: Verbot diskriminierender Werbung. In: Holz-Zentralblatt 120. Jg. Nr. 99 (1994)a S. 1516

Anonym: Marketing – Offen für alle. In: Bau- und Heimwerkermarkt Nr. 9 (1994)b S. 46 – 47

Anonym: Innovative Ansätze für den Bau von Holzhäusern. Erfolgreiches Holzbau-Symposium in Biel/Bienne (Schweiz). In: Holz-Zentralblatt 120. Jg. Nr. 139 (1994)c S. 2313, 2319 – 2321

Anonym: Baumöl schützt Holz vor Ungeziefer. In: Süddeutsche Zeitung vom 6.7.1995a, S. 33

Anonym: Prognose für den Markt des ökologischen Bauens: Bis zu 25 % Zuwachs jährlich. In: DBZ Deutsche Bauzeitschrift Nr. 8 (1995)b S. 184

Anonym: Orangerie Oranienbaum – Großsanierung der verbauten Holzteile. In: Holz-Zentralblatt 121. Jg. Nr. 123 (1995)c S. 2017

Anonym: Vier Etagen aus Holz. In: Süddeutsche Zeitung vom 7.11.1995d, S. 34

Anonym: Architektur aus Holz, Bauen mit mehr Holz – Das Zukunfts-Thema wird immer vitaler! In: Holz-Zentralblatt 122. Jg. Nr. 8 (1996) S. 111

Arbeitsgemeinschaft Holz e.V. (Hrsg.): Dauerhafte Holzbauten bei chemisch aggressiver Beanspruchung. Reihe ›Informationsdienst Holz‹. Düsseldorf: Eigenverlag (1989)

Arbeitskreis deutscher Bautenschutzpraktiker: Die Bekämpfung holzzerstörender Insekten unter besonderer Berücksichtigung des Heißluftverfahrens. In: Mitteilungen des Arbeitskreises deutscher Bautenschutzpraktiker, Borgholzhausen, Heft März (1965) S. 1 – 27

Bavendamm, Werner: Der Einfluß der deutschen botanischen Forschung auf die Entwicklung des Holzschutzes. In: Zeitschrift für Weltforstwirtschaft 18. Jg. Nr. 5/6 (1955) S. 214 – 221

Bavendamm, Werner: Die Holzschäden und ihre Verhütung. Stuttgart: Wissenschaftliche Verlagsgesellschaft (1974), S. 159-178

Becker, Günther: Neuere Forschungsergebnisse über holzzerstörende Insekten. In: Mitteilungen der Deutschen Gesellschaft für Holzforschung, Heft 34 (1944) S. 159-178

Becker, Günther: Bekämpfung holzzerstörender Insekten mit Heißluft. Sonderdruck aus ›Holzschutz im Bauwesen‹, Heft 26 der Schriftenreihe »Berichte aus der Bauforschung«. Berlin: Verlag Wilhelm Ernst & Sohn (1962)

Becker, Günther: Versuche über den Einfluß einiger Kerninhaltsstoffe von Koniferen und analoger Verbindungen auf Hausbock-Eilarven. In: Holzforschung 17. Jg. Nr. 1 (1963) S. 19 – 21

Becker, Günther; Kaune, P.: Einflüsse beim Holzabbau durch Moderfäulepilze in Erde. In: Material und Organismen 1. Jg. Heft 3 (1966) S. 201 – 220

Becker, Günther; Loebe, Irmgard: Hitzeempfindlichkeit holzzerstörender Käferlarven. In: Anzeiger für Schädlingskunde 34. Jg. Nr. 10 (1961) S. 145 – 149

Becker, Heinrich: Die Bekämpfung pflanzlicher und tierischer Holzschädlinge. In: B+B Bautenschutz und Bausanierung 3. Jg. Nr. 3 (1980) S. 84 – 90

Becker, Heinrich: Das Heißluftverfahren zur Hausbockbekämpfung – Möglichkeiten und Grenzen. Sonderdruck aus ›Der praktische Schädlingsbekämpfer‹ Heft Oktober (1984)

Becker, Heinrich: Vorbeugende Holzschutzmaßnahmen mit chemischen Mitteln. In: Der praktische

Schädlingsbekämpfer 37. Jg. Nr. 4 (1985) S. 54-56
Bellmann, Heinz: Zur Kenntnis der Zerstörung von Nadelhölzern durch Moderfäule-Pilze. In: Holz als Roh- und Werkstoff 19. Jg. Heft 11 (1961) S. 429 – 434
Berzelius, J. Jacob: Lehrbuch der Chemie. Dritten Bandes zweite Abtheilung. Dresden: Arnoldische Buchhandlung (1828)
Bielenberg, Hinrich: Der Einfluß des Stalles auf die Schweinemast. Dissertation an der Technischen Hochschule Braunschweig (1963)
Blech, Jörg: Alternative vom Acker. In: Stern Nr. 45 (1995) S. 180 – 181
Boutelje, Julius B.; Nilsson, Thomas: Inverkan av avverkningstid och -plats, våtlagring, träslag och densitet på virkets beständighet. Del I: Beständighet mot röta. [The Effects of Felling Time and Felling Area, Wet Storage, Tree Species and Wood Density on the Durability of Wood. Part I: Durability against Fungal Decay]. Träteknik Rapport Nr. 73, Mars 1985. Hrsg.: Träteknik Centrum, Stockholm (1985)
Boutelje, Julius B.; Rasmussen, Steen: Inverkan av avverkningstid och -plats, våtlagring, träslag och densitet på virkets beständighet. Del II: Beständighet mot husbock (Hylotrupes bajulus L.). [The Effects of Felling Time and Felling Area, Wet Storage, Tree Species and Wood Density on the Durability of Wood. Part II: Durability against House-longhorn Beetle Larvae (Hylotrupes bajulus L.)]. Träteknik Rapport Nr. 83, September 1985. Hrsg.: Träteknik Centrum, Stockholm (1985)
Brocksiepe, Horst-Günter: Holzverkohlung. In: Winnacker, Karl; Küchler, Leopold (Hrsg.): Chemische Technologie. Band 5 Organische Technologie I. München Wien: Carl Hanser Verlag (1981)
Brüninghoff, Heinz; Heimeshoff, Bodo; Sengler, Dieter: Brücken. Planung-Konstruktion-Berechnung. Reihe ›Informationsdienst Holz‹. Hrsg.: Entwicklungsgemeinschaft Holzbau (EGH) in der Deutschen Gesellschaft für Holzforschung und Centrale Marketinggesellschaft der deutschen Agrarwirtschaft (CMA). München Bonn: Eigenverlag (1988)
Brüninghoff, Heinz; Luther, Andreas: Heimisches Holz im Wasserbau. Reihe ›Informationsdienst Holz‹. Hrsg.: Entwicklungsgemeinschaft Holzbau (EGH) in der Deutschen Gesellschaft für Holzforschung und Centrale Marketinggesellschaft der deutschen Agrarwirtschaft (CMA). München Bonn: Eigenverlag (1990)
Buchheister, G.A. / Ottersbach, Georg (Neubearbeitung): Handbuch der Drogisten-Praxis. Zweiter Teil. Berlin: Verlag von Julius Springer (1919) 8. Auflage
Cymorek, Siegfried: Färbeverfahren zur Unterscheidung von Holzzonen mit unterschiedlichem Absorptionsvermögen, insbesondere bei Fichtenholz (Picea abies Karst.). Holz als Roh- und Werkstoff 38. Jg. (1980) S. 257 – 263
Degussa AG, Frankfurt/Main: Schr. Mitteilung vom 7.5.1986
Desowag Materialschutz GmbH (Hrsg.): Holzschutzimpulse Nr. 25, September 1988. Düsseldorf: Eigenverlag (1988)
DFG Deutsche Forschungsgemeinschaft: Maximale Arbeitsplatzkonzentrationen und Biologische Arbeitsstofftoleranzwerte 1990. Weinheim: VCH Verlagsgesellschaft (1990)
DGfH Deutsche Gesellschaft für Holzforschung e.V. (Hrsg.): Merkblatt ›Verfahren zur Behandlung von Holz mit Holzschutzmitteln.‹ Teil 2: Nichtdruckverfahren. München: Eigenverlag (1991)
DIN 1052 – Holzbauwerke. Teil 1 Berechnung und Ausführung. April 1988
DIN 4108 – Wärmeschutz im Hochbau.
Teil 2 Wärmedämmung und Wärmespeicherung; Anforderungen und Hinweise für Planung und Ausführung. Entwurf November 1995
Teil 3 Klimabedingter Feuchteschutz; Anforderungen und Hinweise für Planung und Ausführung. August 1981 bzw. Änderung A1 November 1995
Teil 5 Berechnungsverfahren. August 1981
DIN 68 364 – Kennwerte von Holzarten. Festigkeit, Elastizität, Resistenz. November 1979
DIN 68 800 – Holzschutz.
Teil 2 Vorbeugende bauliche Maßnahmen. Mai 1996
Teil 3 Vorbeugender chemischer Holzschutz. April 1990
Teil 4 Bekämpfungsmaßnahmen gegen holzzerstörende Pilze und Insekten. November 1992
DIN EN 46 – Holzschutzmittel. Bestimmung der vorbeugenden Wirkung gegenüber Eilarven von Hylotrupes bajulus (Linnaeus). Februar 1977
DIN EN 350 – Holz und Holzprodukte. Natürliche Dauerhaftigkeit von Holz. Teil 2 Dauerhaftigkeit und Tränkbarkeit von ausgewählten Holzarten von besonderer Bedeutung in Europa. Oktober 1994

DIN Deutsches Institut für Normung; DGfH Deutsche Gesellschaft für Holzforschung (Hrsg.): Holzschutz. Eine ausführliche Erläuterung zu DIN 68 800 Teil 3, Ausgabe April 1990. Reihe ›Beuth-Kommentare‹. Berlin Köln: Beuth-Verlag (1992)

EMPA Eidgenössische Materialprüfungs- und Versuchsanstalt, St. Gallen: Untersuchungsberichte Nr. 23'0922 vom 2. Juni 1978, Nr. 23'0923/Ly vom 1. Juni 1978, Nr. 23'0923 Iv/1 vom 23. Januar 1978 und Nr. 23'0923 Iv/2 vom 31. Mai 1978

EMPA Eidgenössische Materialprüfungs- und Versuchsanstalt, St. Gallen: Untersuchungsbericht No. 102'807 vom 20. September 1988

EMPA Eidgenössische Materialprüfungs- und Versuchsanstalt, St. Gallen; LIGNUM Schweizerische Arbeitsgemeinschaft für das Holz, Zürich (Hrsg.): Richtlinie ›Der Echte Hausschwamm und seine Bekämpfung‹. St. Gallen u. Zürich: Eigenverlag (1985)

EMPA Eidgenössische Materialprüfungs- und Versuchsanstalt, St. Gallen; LIGNUM Schweizerische Arbeitsgemeinschaft für das Holz, Zürich (Hrsg.): Richtlinie ›Holzzerstörende Insekten und ihre Bekämpfung‹. St. Gallen u. Zürich: Eigenverlag (1986)

Findlay, W.P.K.; Savory, J.G.: Moderfäule. Die Zersetzung von Holz durch niedere Pilze. In: Holz als Roh- und Werkstoff 12. Jg. Nr. 8 (1954) S. 293 – 296

Fischer, Hermann: Ökologie konsequent. Die Begriffsinflation auf dem Öko-Markt. In: Holz – Vom ökologischen Umgang mit einem natürlichen Rohstoff. Reihe ›Contraste-spezial‹. Heidelberg: Contraste-Verlag für Ökologie und Selbstverwaltung (1994)a S. 26 – 27

Fischer, Hermann: Betriebliches Umweltmanagement in einem Unternehmen der Lack- und Farbenindustrie. Braunschweig: unveröffentlicht (1994)b

Fraanje, Peter: Wood and the Art of Cascading. Hrsg.: IVAM Environmental Research, University of Amsterdam (1995)

Frühwald, A.; Wegener, G.; Krüger, S.; Beudert, M.: Holz – Ein Rohstoff der Zukunft; nachhaltig verfügbar und umweltgerecht. Reihe ›Informationsdienst Holz‹. Hrsg.: Deutsche Gesellschaft für Holzforschung e.V. München: Eigenverlag (1994)

Gäumann, Ernst: Untersuchungen über den Einfluß der Fällungszeit auf die Eigenschaften des Fichten- und Tannenholzes. II. Teil: Der Einfluß der Fällungszeit auf die Dauerhaftigkeit des Fichten- und Tannenholzes. Beiheft Nr. 6 zu den Zeitschriften des Schweizerischen Forstvereins. Bern: Verlag Büchler & Co. (1930)

Gäumann, Ernst: Der Einfluß der Fällungszeit auf die Dauerhaftigkeit des Fichten-, Tannen- und Buchenholzes. In: Schweizerische Zeitschrift für Forstwesen 89. Jg. Nr. 7/8 (1938) S. 177 – 197

Gildemeister, E.; Hoffmann, Fr.: Die ätherischen Öle. Dritter Band. Miltitz bei Leipzig: Verlag der Schimmel & Co. AG (1931) 3. Auflage

Graf, Erwin: Ökologische Aspekte zur chemischen Hausbockbekämpfung. In: Holz als Roh- und Werkstoff 47. Jg. (1989) S. 383 – 387

Graf, Erwin: Integrierter Holzschutz als Bestandteil der Planung. Sonderdruck aus ›Schweizer Baublatt‹ Nr. 44 vom 4. Juni 1993 / Fachbeilage ›Bautenschutz Nr. 2'

Graf, Erwin (EMPA Eidgenössische Materialprüfungs- und Forschungsanstalt): Pers. Mitteilg. vom 7.6.1995a

Graf, Erwin [EMPA Eidgenössische Materialprüfungs- und Forschungsanstalt]: Pers. Mitteilg. vom 23.10.1995b

Graham, R.D.: Service life of treated and untreated fence posts. Oregon Forest Products Laboratory Program Report 8 (1954)

Grosser, Dietger: Die wichtigsten Zerstörer des verbauten Holzes. I. Pflanzliche Schädlinge. In: B+B Bautenschutz und Bausanierung 2. Jg. Nr. 3 S. 74 – 81, Nr. 4 S. 102 – 108 (1979)

Grosser, Dietger: Pflanzliche und tierische Bau- und Werkholzschädlinge. Leinfelden-Echterdingen: DRW-Verlag Weinbrenner-KG (1985)

Grosser, Dietger: Mögliche Gesundheits- und Umweltprobleme bei bekämpfenden Holzschutzmaßnahmen und die Rolle der Sachverständigen in der Bundesrepublik Deutschland. In: Bringezu, Stefan; Schenke, Hans-Dieter (Hrsg.): Probleme und Perspektiven eines umweltverträglichen Holzschutzes. Berlin: Erich Schmidt Verlag (1992) S. 193 – 210

Grosser, Dietger; Eichhorn, M.; Grabow, F.: Der Echte Hausschwamm – Erkennung, Lebensbedingungen, vorbeugende und bekämpfende Maßnahmen, Leistungsverzeichnis. WTA-Merkblatt 1–2–91. Hrsg.: WTA Wissenschaftlich-Technischer Arbeitskreis für Denkmalpflege und Bauwerksanierung e.V., München (1991)

Grosser, Dietger; Weißbrodt, Alfred: Das Heißluftverfahren zur Bekämpfung tierischer Holzzerstörer in Bauwerken. WTA-Merkblatt 1–87. Hrsg.: WTA Wissenschaftlich-Technischer Arbeitskreis für Denkmalpflege und Bauwerksanierung e.V., München (1987)

Hegarty, Bryan; Buchwald, Gustav; Cymorek, Siegfried; Willeitner, Hubert: Der Echte Hausschwamm immer noch ein Problem? In: Deutsche Gesellschaft für Holzforschung (Hrsg.): Vorträge der 17. Holzschutz-Tagung Berlin 6. und 7. Mai 1986. München: Eigenverlag (1986)

Hilsdorf, H.K. und Kropp, J. aus Burschel, Peter; Kürsten, Ernst: Wald und Forstwirtschaft im Kohlenstoffhaushalt der Erde. In: Verbindungsstelle Landwirtschaft-Industrie e.V. (Hrsg.): Produktionsfaktor Umwelt. Klima - Luft. Münster-Hiltrup: Landwirtschaftsverlag (1992) S. 97 – 125.

Hinterseer, Georg: Erde, Mond und Sterne. Altbayerische Holz- und Wetterregeln. Ruhpolding: Eigenverlag (1982)

Jacobson, M. (Hrsg.): Focus on Phytochemical Pesticides. Volume I The Neem Tree. Boca Raton (Fl): CRC Press Inc. (1989)

Joseph, Fr.T.M.; Karnavar, G.K.: Effect of neem products on infestation of dried cassava chips by Dinoderus. In: Indian Agricultural Research Institute, New Dehli (Hrsg.): Neem Newsletter 6. Jg. Nr. 4 (1989) S. 35 - 37

Kabelitz, Erich: Holzschutz-Tagung 1992 in Rosenheim: Chemischer Holzschutz – keine Überlebenschance? In: Holzbau und Naturbaustoffe aktuell. Ausgabe November 1992, S. 1

Kier, Friedhelm: Die Sonne bringt es an den Tag. In: Das Deutsche Malerblatt Nr. 3 (1990) S. 54

Knuchel, Hermann: Untersuchungen über den Einfluß der Fällzeit auf die Eigenschaften des Fichten- und Tannenholzes. I. Teil: Der Einfluß der Fällzeit auf einige physikalische und gewerbliche Eigenschaften des Holzes. Beiheft Nr. 5 zu den Zeitschriften des Schweizerischen Forstvereins. Bern: Verlag Büchler & Co. (1930)

Knuchel, Hermann: Der Einfluß der Fällzeit auf die Eigenschaften des Buchenholzes. In: Mitteilungen der Schweizerischen Anstalt für das forstliche Versuchswesen 19. Jg. Nr. 1 (1935) S. 136 – 186

König, Eberhard; Dwornik, Volker: Alternatives Holzschutzmittel. In: Biologisch Bauen. Ein Nachschlagewerk für baubiologische und ökologische Planungen (Loseblattsammlung). Hrsg.: Institut für Baubiologie. Rosenheim: Eigenverlag (1986/Ergänzungslieferung Mai 1994)

König, Ewald: Tierische und pflanzliche Holzschädlinge. Stuttgart: Holz-Zentralblatt Verlags-GmbH (1957)

Kollmann, Franz: Technologie des Holzes und der Holzwerkstoffe. Erster Band: Anatomie und Pathologie, Chemie, Physik, Elastizität und Festigkeit. Berlin Göttingen Heidelberg: Springer-Verlag (1951) 2. Auflage

Krames, U.: Ein Beitrag über physikalische Verfahen zur Bekämpfung von Insektenbefall. In: Holzrundschau Heft März (1995) S. 51 – 53

Lange, Otto: Chemisch-technische Vorschriften. Leipzig: Verlag von Otto Spamer (1920) 2. Auflage

Leiningen-Westerburg, Wilh. Graf zu: Die Forstbenutzung. Kap. E Forstlich-chemische Technologie. In: Weber, Heinrich (Hrsg.): Handbuch der Forstwissenschaft. 2. Band Produktionslehre. Tübingen: Verlag der H. Laupp'schen Buchhandlung (1925) 4. Auflage, S. 752 – 759

Leiße, Bernhard: Holzschutzmittel im Einsatz. Bestandteile, Anwendungen, Umweltbelastungen. Wiesbaden: Bauverlag (1992)

Leiße, Bernhard: Holz natürlich behandeln. Oberflächen im Haus färben, schützen, pflegen. Heidelberg: C.F. Müller Verlag; Braunschweig: Alembik Verlag (1994)

Lepage, Ennio S.; de Lelis, Antonio T.: Protecting Wood against Dry-Wood Termites with Cashewnut Shell Oil. In: Forest Products Journal 30. Jg. Nr. 6 (1980) S. 35 – 36

Lips-Ambs, Franz-Josef: Holzbau und Umwelt. Beilage zum Holz-Zentralblatt 121. Jg. Nr. 18 (1995)

Löfflad, Hans: Eignung von Soda und Holzlauge als alternatives Holzschutzmittel, das früher häufig verwendet wurde, aber heute in Vergessenheit geraten ist. Diplomarbeit im Fachbereich Holztechnik der Fachhochschule Rosenheim; Sommersemester 1978

Lyr, H.: Die Wirkungsweise der Thujaplicine und anderer toxischer Kernholzinhaltsstoffe auf den Stoffwechsel holzzerstörender Pilze. In: Naturwissenschaften 47. Jg. Nr. 21 (1960) S. 499 – 500

Maurer, Stephan: In Ingolstadt grassiert der Hausschwamm. In: Süddeutsche Zeitung vom 7.2.1989

Meierhofer, U.; Sell, J.: Physikalische Vorgänge in wetterbeanspruchten Holzbauteilen. 3. Mitteilung: Träger mit direkter Wetterbeanspruchung. In: Holz als Roh- und Werkstoff 37. Jg. (1979) S. 447 – 454

Miric, M.; Willeitner, Hubert: Lethal temperatures for some wood-destroying fungi with respect to eradication by heat. In: The International Research Group on Wood Preservation (Hrsg.): Document No. IRG/WP/1229. Stockholm: Eigenverlag (1984)

Moll, Friedrich: Über einige volkstümliche Holzkonservierungsverfahren. I. Kochsalz und ähnliche Salze. In: Prometheus 26. Jg. Nr. 1352 (1915) S. 823
Münster, Thomas: Holzhaus nach US-Muster. In: Süddeutsche Zeitung vom 23.6.1995, S. 16
Neumüller, Otto-Albrecht: Römpps Chemie Lexikon. Band 3. Stuttgart: Franckh'sche Verlagsbuchhandlung W. Keller & Co. (1983) 8. Auflage
Niemz, Peter: Physik des Holzes und der Holzwerkstoffe. Leinfelden-Echterdingen: DRW-Verlag Weinbrenner (1993)
Pallaske, Michael: Selektive Insektizide gegen definierte Entwicklungsstadien. In: Holz-Zentralblatt 121. Jg. Nr. 123 (1995) S. 2022
Patek, Franz: Holz-Lexikon. Steyr: Verlag Emil Prietzel; Berlin: Verlagsbuchhandlung C.A. Schwetschke & Sohn (1925)
Paul, Oswald: Hausschwammbekämpfung mit Heißluft. In: B+B Bautenschutz und Bausanierung 13. Jg. Nr. 1 (1990) S. 12 – 15
Paulus, Jochen: Deutsches Markengift (Öko-Test ›Teerölpräparate‹). In: Öko-Test-Magazin Nr. 10 (1989) S. 30 – 34
Peek, Rolf-Dieter (Bundesforschungsanstalt für Forst- und Holzwirtschaft, Hamburg): Pers. Mitteilung vom 20.7.1984
Radkau, Joachim: Holz auf dem Weg zum »Grundstoff des ökologischen Zeitalters«? In: Kultur und Technik – 120 Jahre Holz-Zentralblatt. Beilage zum Holz-Zentralblatt 120. Jg. Nr. 74 (1994)
Radkau, Joachim; Schäfer, Ingrid: Holz - Ein Naturstoff in der Technikgeschichte. Reinbek: Rowohlt TB Verlag (1987)
Rennerfelt, Erik; Nacht, Gertrud: The fungicidal Activity of some Constituents from Heartwood of Conifers. In: Svensk Botanisk Tidskrift 49. Jg. Nr. 3 (1955) S. 419 – 432
Roff, J.W.; Whittacker, E.I.; Eades, H.W.: Decay Resistance of Western Red Cedar. Hrsg.: Canada Department of Forestry, Forest Products Research Branch. Technical Note No. 32. Vancouver: Eigenverlag (ohne Jahresangabe)
Rohrberg, Erwin: Schöne Fachwerkhäuser in Baden-Württemberg. Stuttgart: DRW-Verlag Weinbrenner KG (1981)
Rubner, K. (Hrsg.): Neudammers Forstliches Lehrbuch. Band 1. Neudamm: Verlag J. Neumann (1942) 10. Auflage
Rudolphi, Alexander: Versuchsabläufe zur Bekämpfung holzzerstörender Pilze mit dem Heißluftverfahren. Hrsg.: GFÖB Gesellschaft für ökologische Bautechnik Berlin mbH. Berlin: Eigenverlag (ohne Jahresangabe; erschienen 1995)
Sandermann, Wilhelm; Hausen, Björn; Simatupang, Maruli: Orientierende Versuche zur Differenzierung von Splint und Kern sowie zum Sichtbarmachen der Übergangszone von Fichte und anderen Nadelhölzern. Das Papier 21. Jg. Nr. 7 (1967) S. 349 – 354
Schmidt, Hans: Tierische Schädlinge im Bau- und Werkholz. Hamburg und Berlin: Verlag Paul Parey (1992)
Schmidt, Hans; Schneider, Anton: Abtötende und vorbeugende Wirkung bei der Hausbockbekämpfung mit Heißluft. In: Holz als Roh- und Werkstoff 15. Jg. Nr. 10 (1957) S. 406 – 410
Schmidt, Hans; Schneider, Anton: Nachtrag zur Arbeit ›Abtötende und vorbeugende Wirkung bei der Hausbockbekämpfung mit Heißluft‹. In: Holz als Roh- und Werkstoff 16. Jg. Nr. 3 (1958) S. 110
Schneider, Anton: Gesundes Wohnklima durch Bienenwachs. Schriftenreihe »Gesundes Wohnen« Nr. A2. Hrsg.: Institut für Baubiologie. Rosenheim: Eigenverlag (1980)
Schütze, Christian: Das Grundgesetz vom Niedergang. München Wien: Carl Hanser Verlag (1989)
Schulze, Horst: Baulicher Holzschutz. Reihe ›Informationsdienst Holz, Holzbau Handbuch‹. Hrsg.: Entwicklungsgemeinschaft Holzbau (EGH) in der Deutschen Gesellschaft für Holzforschung und Centrale Marketinggesellschaft der deutschen Agrarwirtschaft (CMA). München Bonn: Eigenverlag (1991)
Schulze, Horst: Holzbau. Wände-Decken-Dächer. Stuttgart: B.G. Teubner Verlag (1996)
Schumacher, Birgit: Waid-Männer. In: Öko-Test-Magazin Nr. 7 (1995) S. 65 – 66
Sell, Jürgen: Aufgaben und Möglichkeiten des Holzschutzes durch Oberflächenbehandlung. In: defazet – Deutsche Farben-Zeitschrift 29. Jg. Nr. 9 (1975) S. 372 – 376
Sell, Jürgen:Hydrophobierende Holzimprägnierung – Wirkungsweise, Eigenschaften, Anwendungsmöglichkeiten. In: Holz als Roh- und Werkstoff 35. Jg. (1977) S. 75 – 78
Sell, Jürgen: Eigenschaften und Kenngrößen von Holzarten. Zürich: Baufachverlag AG (1987) 2. Auflage
Steurer, Anton: Ökologie – Wolf im Schafspelz? oder Was hat Joghurt mit Holz zu tun. In: Bulletin

Kompetenz-Zentrum Holz 2. Jg. Nr. 2 (1994) S. 1. Hrsg.: EMPA Eidgenössische Materialprüfungs- und Forschungsanstalt Dübendorf u. St. Gallen, ETH Eidgenössische Technische Hochschule Zürich, WSL Eidgenössische Forschungsanstalt für Wald, Schnee und Landschaft Birmensdorf.

Sutter, Hans-Peter: Holzschädlinge an Kulturgütern erkennen und bekämpfen. Bern: Verlag Paul Haupt (1986)

Thilo, Thomas: Wesensmerkmale chinesischer Baukunst. In: Eggebrecht, Arne (Hrsg.); Roemer- und Pelizaeus-Museum, Hildesheim: China, eine Wiege der Weltkultur. 5000 Jahre Erfindungen und Entdeckungen. Mainz: Verlag Philipp von Zabern (1994) S. 63 – 79

Tóth, László; Wittkowski, Reiner: Das Räuchern - aus der Sicht der Chemie. In: Chemie in unserer Zeit 19. Jg. Nr. 2 (1985) S. 48 - 58

Travis, Norman J.; Cocks, E. John: The Tincal Trail. A History of Borax. London: Harrap Ltd. (1984)

Tscholl, H.P.: Lyctus brunneus (Steph.). Ein tropischer Holzschädling in der Schweiz. In: SAH-Bulletin 3. Jg. Nr. 2 (1975) S. 20 – 32

Ullmann, Fritz (Hrsg.): Enzyklopädie der technischen Chemie. Sechster Band. Berlin Wien: Verlag Urban & Schwarzenberg (1930) 2. Auflage

Unger, Wibke: Möglichkeiten zur Bekämpfung holzzerstörender Insekten durch physikalische Methoden. In: Holztechnologie 25. Jg. Nr. 5 (1984) S. 264 – 269

Veit, Barbara: Wälder sind wichtiger als Holzplantagen. In: Süddeutsche Zeitung vom 11.5.1995, Beilage Umwelt, Wissenschaft, Technik, S. III

Verordnung zum Schutz vor gefährlichen Stoffen (Gefahrstoffverordnung – GefStoffV) in der Fassung des Artikels 1 der Verordnung zur Novellierung der Gefahrstoffverordnung, zur Aufhebung der Gefährlichkeitsmerkmaleverordnung und der Änderung der Ersten Verordnung zum Sprengstoffgestz vom 26. Oktober 1993 (Bundesgesetzblatt I S. 1782 ff.) geändert durch die Verordnung zur Änderung der Gefahrstoffverordnung vom 10. November 1993 (Bundesgesetzblatt I S. 1870 ff.)

Wälchli, Oskar: Möglichkeiten einer biologischen Bekämpfung von Insekten und Pilzen im Holzschutz. In: Holz-Zentralblatt 108. Jg. Nr. 136 (1982) S. 1946 – 1948

Wälchli, Oskar; Tscholl, Peter: Möglichkeiten der Bekämpfung holzzerstörender Insekten ohne Giftanwendung. In: Holz als Roh- und Werkstoff 33. Jg. Nr. 2 (1975) S. 49 – 53

Wazny, J.; Krajewski, K.J.: Jahreszeitliche Änderungen der Dauerhaftigkeit von Kiefernholz gegenüber holzzerstörenden Pilzen. In: Holz als Roh- und Werkstoff 42. Jg. (1984) S. 55 – 58

Weissenfeld, Peter: Holzschutz ohne Gift? Grebenstein: Ökobuch-Verlag (1983) 1. Auflage

Willeitner, Hubert: Chemischer Holzschutz im Spannungsfeld zwischen notwendig, sinnvoll und verzichtbar – Wie effizient ist er in der Praxis? In: Bringezu, Stefan; Schenke, Hans-Dieter (Hrsg.): Probleme und Perspektiven eines umweltveträglichen Holzschutzes. Berlin: Erich Schmidt Verlag (1992) S. 55 – 71

Willeitner, Hubert; Schwab, Eckart (Hrsg.): Holz – Außenverwendung im Hochbau. Stuttgart: Verlagsanstalt Alexander Koch (1981)

Winter, Wolfgang: Holz ist der Werkstoff des 21. Jahrhunderts. Nutzungspotential und technische Möglichkeiten eines nachwachsenden Rohstoffs. In: Holz-Zentralblatt 121. Jg. Nr. 2/3 (1995) S. 13, 16, 20

Wirtschaftsministerium Baden-Württemberg (Hrsg.): Holzschutz. Informationen für Bauherren, Architekten und Ingenieure. Stuttgart: Eigenverlag (1994)

Württembergisches Landesgewerbeamt Stuttgart, Abt. Bauberatung (Hrsg.): Baukunde für die Praxis. 3. Band: Bauschäden. Stuttgart: Julius Hoffmann Verlag (1940)

Wulf, A.; Scheidemann, U. (Biologische Bundesanstalt für Land- und Forstwirtschaft, Institut für Pflanzenschutz im Forst, Braunschweig): Zur Wirksamkeit von Neem-Extrakten gegen Borkenkäfer. Unveröffentlichtes Arbeitspapier, ohne Jahresangabe (erschienen 1992)

11.3 Stichwortverzeichnis

A

Abachi 28, 30
Afrormosia 51, 79
Afzelia 51, 79
Agba 54, 79
Ahorn 21, 68–69, 78
Altanstriche 98
Ameisen 22
Anbeilen 90
Andiroba 54
Angelique 51, 79
Aningre 54
Ankohlen (von Holz) 103, 107
Anstrich **20–21**, 32–34, 40, 55, **68–69**, 72, 75, 78, 98, 103, 125
Anobien 26–27, 29–30, 36–37, 40, 89–91, 97, 130
Anobium punctatum s. Nagekäfer
Anwendungsverfahren 54, 60, 64, 67, 91, 102–103, 111–112, **113–122**
Araucarie 21
Arve s.Zirbelkiefer
Ascomyceten 19-20
Ausfluglöcher 23–25, 27, 29, 31, 82–83, 88–89
Außenbau 34–36, 38–44, 52–53, 55–59, 67–69, 73–79, 102, 110–111
Auswaschbeanspruchung 39, 41, 43, 59, 64, 70, 101–102
Azadirachtin 127–128
Azobé 79

B

Bakterien 21–22
baulicher Holzschutz s. konstruktiver Holzschutz
Bauschaden 12, 27, 36–37, 41–42, 44–45, 47, 65, 67, 71, 80–81
Beanspruchungsgruppen 37–48
Befall (mit Holzschädlingen) 80–98
Bekämpfung (von Holzschädlingen) 27, **80–98**, 102, 115, **121–122**, 123, 128
Benzo-a-pyren 106, 112
Bienenwachs 125
Bilinga 51, 79
Birke 50, 68–69, 78, 104
Birnbaum 60, 79
Blättlinge 14–15, **18–19**, 20, 43, **80–81**, 86, 95, 137
Bläuepilze 14, **20–21**, 41, 44, 97–98, 126
Bohrlochtränkung 88, 91, 121–122, 139
Bohrmehl 24–25, 27, 29, 31, 82–84, 88–90
Bongossi 51, 79
Borax 100–101
Borkenkäfer 85, 128
Borsalze 64, 67, 70, 88, 91–92, 96, **100–103**, 116, 121, 139
Borsäure 100–101
Braunfäule 16–18, **20**, **80–82**, 124
Brettschichtholz 43, 52
Bubinga 54, 79
Buche 19, 21, 30, 34, 50, 68–69, 78, 84, 104, 106, 117–118, 126

C

Cashewnußschalenöl 130
Cedro 54, 79
Chrysanthemenblütenextrakte 130
Coniophora puteana s. Kellerschwamm

D

Dabema 51
Dampfbremse 36, 47, 62–63, 66, 75
Dampfdiffusion 62, 66, 138
Danta 55
Dauerhaftigkeit, natürliche 37, **49–**

50, **51**, **54–55**, **60–61**, **65**, 67–69, 78–79
Destruktionsfäule 20
Deutsches Institut für Bautechnik 54, 64, 102, 110
Dibetou 60
Douglasie 50, 60, 65, 79, 138
Douka 54
Druckinjektionen 88, 91, 122

E
Ebenholz 54
Edelkastanie 54, 65, 79
Ei 23–24, 29, 31, 92, 132
Eibe 54, 65, 79
Eiche 28, 30, 50, 54, 60, 65, 78–79
Eicheln 130
Einbringmenge 53–54, 59–60, 64, 67, 70, 91, 101, 103, 111, 113–118, **119–120**
Eindringtiefe 113–119, 138
Einstelltränkung 112, 117
Eiweiß 23, 26, 30, 124
Endvakuum 54, 60, 112, 118–119
Entsorgung 8–10, 134
Erdkontakt 32, 38–40, 50–51, 77, 79, 86, 111
Erkennung von Holzschädlingen 80–84, 139
Erle 50, 68–69
Erwärmung (von Anstrichen) 33–34
Esche 30, 50, 65, 68–69

F
Fachwerk 12–13, 41, 59, 75, 91, 94, 111
Fällungszeitpunkt 126
Farbkernholz 26, 28, 30–31, 36, 65, 113
Farbton (von Beschichtungen) 33–34, 68, 75
Fasersättigung 21, 28
Fassaden 40–43, 57–58, 66, 68–69, 71, 73–77
Fäulnis 13, 20, 32, 34, 40–41, 81–82
Fenster 9, 18, 41, 43, 56, 66, 70, 75, 77–78, 103
Feuchträume 44, 46–47, 73
Fichte 18, 21, 25–27, 50, 65, 68, 79–80, 114, 116–119, 138
Fichtensplintbock 84
Fladerschnitt 32
Föhre 60, 65
Fomes fomentarius s. Zunderschwamm
Framire 60, 79
Fraßgänge 24–25, 27, 29, 31, 82, 85, 88–90
Freijo 54, 79
Frischholzinsekten 25, 81, 85
Frost 27, 29–30
Fruchtkörper 14–15, 17–19, 21, 81, 86
Frühholz 24, 32, 34
Fungi imperfecti 19–20

G
Gebrauchsdauer (von Holzbauteilen) 37, 49
Gefährdungsklassen **37–48**, 50–70, 72, 87–88, 102, 115–116, 118
Gefahrstoffverordnung 54, 60, 107, **111–112**
Gleichgewichtsfeuchte 45, 73
Gloeophyllum s. Blättlinge
Greenheart 51, 79

H
Harz 34, 68
Hausbock 25, **26–27**, 28–31, 34, 37, 40, 65, **81–84**, 89–92, 94, 124, 128–129, 137
Hausschwamm 14, **16–17**, 20, **80–82**, 85–86, 94–95, 136–137, 139

Häutungshemmstoffe 132
Heiß-Kalt-Tränkung 54, 60, 112, **117**
Heißluftbekämpfung 30, 88, 90, 92–96
Hemlock 21, 68, 79
Heterobasidion annosum s. Wurzelschwamm
Hibaöl 129
Hickory 68
Hitzestarre 16–17
Holzarten, resistente s. resistente Holzarten
Holzasche 131
Holzbau 10–11, 62, 66–67, 133–135
Holzbock 137
Holzessig 92, 104–105, **123**
Holzfeuchte 14–19, 21–22, 25–30, 32, **34–36**, **38–45**, 47–48, 54, 60, 64, 69, 71, **72–73**, 77–78, 82, 87, 98, 115–117, 119–120, 137–138
Holzpech 104–105, 107–108
Holzschädlinge 11, **12–49**, 68, 72, 80–98
Holzschutz 49, 133
Holzschutz, chemischer 9, 72, 133
Holzschutz, konstruktiver s. konstruktiver Holzschutz
Holzschutz, wasserabweisender 40, 68–69
Holzschutzmittel 41, 53–54, 59–60, 64, 67, 70, 87–88, 90–92, **99–112**, 114–122, 133–134
Holzschutzmittel, chemische 8, 11, 72, 101, 137
Holzteer 53–54, 59–60, **103–112**, 117–118, 123
Holzwerkstoffe 78
Holzwespe 22, 25, 82–85
Holzwurm 27, 72
Hormone 132
Hylotrupes bajulus s. Hausbock
Hyphen 13–15, 19, 81, 124

I
Ilomba 28, 30
Innenbau 34–36, 38, 44–48, 59, 61–63, 65–67, 70, 102, 125
Insekten **22–31**, 34, 36–37, 40–41, 44–45, 47–48, 65–67, 71–72, 80, **82–85**, 88–92, 97, 102, 124, 128, 132
Instandhaltung (von Anstrichen) 55, 97–98, 134
Iroko 51, 79

J
Jahresringe 74
Jahresringe, liegende 58, 75
Jahresringe, stehende 58, 75
Juvenilhormone 132

K
Käfer **22–25**, 27–31, **83–84**, 88, 92, 132
Kältemethode (zur Insektenbekämpfung) 97
Kältestarre 16
Kambala 51, 79
Karbolineum s. Steinkohlenteeröl
Kellerschwamm, brauner 14, **17**, 20, **80–81**, 95
Kernholz 15, 21, 24, 26, 28, 30, 34, 36, 50–51, 54, 60, 65, 78, 113
Keruing 60, 79
Kesseldruckverfahren 54, 64, 67, 103, 111–112, **117–120**
Kessel-Vakuum-Druck-(KVD-)Imprägnierung 118
Khaya-Mahagoni 61
Kiefer 18–19, 21, 25, 28, 34, 50, 60, 65, 78–80, 114, 117, 119, 130, 138
Kiefernbaumschwamm 20
Kiefernblättling 95
Kirschbaum 65
Klopfkäfer 28

Kohlendioxid 7, 9–10, 134
Kohlenstoff 7, 10
konstruktiver Holzschutz **51–53**, **55–59**, **61–63**, **65–69**, 71–78, 86–87, 90, 103, 133
Konvektion 62–63, 65–66, 138
Korrosionsfäule 20
Kosipo-Mahagoni 55, 79
Kotibe 55, 79
›Kristallisierung‹ im Holz 123–124

L
Lacke 68–69
Lärche 21, 25, 28, 50, 60, 65, 78–79, 117, 138
Larve 23–24, 26–31, 83–84, 88–89, 91–93, 97, 124, 128, 132, 139
Lasuren 33, 55, 64, 68–69
Lauan 61, 79
Laubholz 16–19, 21, 24, 26, 28, 30–32, 34, 65, 67, 69, 82, 104, 110
Lebensbaum 129
Lentinus lepideus s. Sägeblättling
Lenzites 18
Lignin 16–18, 20, 32, 124
Limba 28, 30
Linde 21, 68–69, 78
linke Seite (eines Holzbrettes) 137
Luftfeuchte 27, 29–30, 35–36, 38, **45**, 46–48, 63, 138
Lyctus brunneus s. Splintholzkäfer

M
Mahagoni 30, 55, 61, 79
Makore 51, 79
Mansonia 55, 79
Massivbau 10
Mauerschwamm 137
Meranti 21, 55, 61, 78–79
Merbau 51, 79
Moderfäule **19–20**, 40
Movingui 61
Muhuhu 51
Mutenye 61
Mycel 13–19, 21–22, 80, 85–86, 94–95, 121

N
Nadelholz 16–21, 26–28, 30, 32, 34, 36, 65, 68, 80, 82, 104, 110, 119, 126
Nagekäfer, gemeiner 26, **27–29**, 34, 72, **82–84**, 89–91, 94, 97, 130, 137
Naßräume 44, 47, 102
Neem 127–129, 132
Niangon 55, 79
Nußbaum 30, 55, 65, 79
Nutzholzborkenkäfer, gestreifter 84

O
Oberflächenbehandlung s. Anstrich
Oberflächenschutz 113–114
Oberflächentemperatur (von Beschichtungen) 33–34
Öko-Test-Magazin 107
Okoumé 30
Oregon Pine 60, 65, 79
Ovengkol 55, 79

P
Palisander 51, 55, 79
Pappel 50, 68–69
Parana Pine 21, 130
Perforationsverfahren 117, 138
Pfeffer 130
Photosynthese 7
physikalische Schädlingsbekämpfung 92–97
Pilze **13–22**, 32, 34–36, 40–41, 44–45, 47–48, 50, 67, 69, 71–72, **80–82**, 85–88, 94–96, 98, 121, 124
Pitch Pine 61, 78
Platane 65, 68–69

Pockholz 51
Polybor 64, 100–101
polyzyklische aromatische Kohlenwasserstoffe (PAK) 105–106, 111–112
Porenschwämme 14, **17–18**, 20, **80–81**, 95
Poria-Arten s. Porenschwämme
Pottasche 131
Prüfbescheid 64, 102
Prüfprädikate 102
Puppe 23–24, 92, 132
Pyrethrum 130

Q

Quellung 32, 69, 73–76

R

Radialschnitt 75
Radiata-Pine 65
Ramin 21, 30
Randschutz 113–116
rechte Seite (eines Holzbrettes) 32, 58, 75, 137
Red Cedar 21
Red Pine 21
Redwood 55, 78–79
Reifholz 26, 65
resistente Holzarten **50–51**, **54–55**, **60–61**, **65**, 67–69, 78–79, 87, 133, 138
Ressourcen 7, 11, 134
Rißbildung 32, 34, 69–70
Robinie 50–51, 65, 79
Rosenholz 51
Rüster 30, 50, 65, 68–69

S

Sägeblättling, schuppiger 14, 19, 80–81
Sapelli-Mahagoni 61
Schädlinge, pflanzliche **13–22**, **80–82**, 85–88, 94–96, 98, 124
Schädlinge, tierische **22–31**, **82–85**, 88–92, 97, 124
Schaumverfahren 140
Schichtpilze 20
Schimmelpilze 21–22
Scheibenbock, blauer 84
Scheibenbock, veränderlicher 84
Schmetterlingsporling 20
Schwinden 32, 69, 73–76
Schwarzkiefer 65
Serpula lacrimans s. Hausschwamm
Sipo-Mahagoni 30, 55, 79
Siricidae s. Holzwespe
Sodalauge 131
Southern Pine 61
Spartränkung 54, 60, 118
Spätholz 24, 32, 34
Splintholz 15, 21, 25–28, 30, 34, 36–37, 54, 65, 82, 90, 113, 117
Splintholzkäfer, brauner 26–27, **29–31**, 34, 36, 40, **82–84**, 89–90, 92, 94, 97, 129, 132
Sporen 13-15, 22, 86, 94–95
Spritzen 54, 60, 64, 67, 91, 103, 111, **114–115**, 120
Sprühtunnel 64, 103, 115
Stärke 23, 26, 30–31, 34, 36
Steinkohlenteeröl 105–107, 109, 111, 117
Stereum-Pilze s. Schichtpilze
Stränge 14, 16, 18, 81–82, 86, 94
Streichen 54, 60, 64, 67, 91, 103, 111, **114–115**, 120

T

Tali 55
Tangentialschnitt 32, 58, 75, 137
Tanne 18, 21, 25–27, 50, 65, 68, 80, 114
Tannenblättling 18–19, 80–81, 137
Tauchen 54, 60, 64, 67, 91, 103, 111, **115–116**, 120
Tauwasser 47, 61, 63, 66, 75, 87,

138
Tchitola 30, 55
Teak 51, 79
Teerölverordnung 111–112
Teilschutz 113
Termiten 22, 130, 136
Thuja 79, 129
Thujaplicin 129
Tiefschutz 113
Totenuhr 28
tragende Holzbauteile 35–38, 41, 45, 47–49, 60, 64–65, 67, 71–72, 84, 90, 94, 102, 110–111, 116, 118, 139
Trametes-Pilze 20
Tränkprotokoll 119–120
Trockenholzinsekten 25–31, 85, 89
Trockenrisse 70
Trockenstarre 15–19
Trocknung 31
Trogtränkung 60, 64, 67, 103, **116–117**, 120

U
Übereinstimmungszertifikat (Ü-Zeichen) 64, 102, 110–111
Ulme s. Rüster
UV-Strahlen 31–33, 68, 136

V
Vakuumtränkung 119–120
Vergrauung 32–33, 68, 97–98, 133
Verkieselung 92, 123–124
Verwitterung 31–34, 41, 68, 97–98
Volldeklaration (von Inhaltsstoffen) 102
Vollschutz 113
Volltränkung 118

W
Waid 124–125
Wärmebrücken 61
Wärmedämmung 36, 47, 61–62, 66, 75, 86
Wartung s. Instandhaltung (von Anstrichen)
Warzenschwamm, brauner s. Kellerschwamm
wasserabweisender Holzschutz 40, 68–69
Wasserdampfdiffusion s. Dampfdiffusion
Wasserdampfkonvektion s. Konvektion
Wechseldrucktränkung 119–120
Weide 68–69
Weißfäule 20, 82, 124
Wenge 51
Werftkäfer, sägehörniger 84–85
Western Red Cedar 55, 79, 129
Weymouthkiefer 65
Witterungsbeanspruchung **31–34**, 37–42, 68, 79, 97
Wohnraumklima 38, 45–48, 65, 67
Wurzelschwamm 20

Y
Yang 60

Z
Zaunblättling 18–19, 80–81, 137
Zebrano 55
Zedernholzöl 129
Zellulose 10, 16-20, 23, 28, 124
Zingana 55
Zirbelkiefer 60, 65, 79
Zulassung, amtliche, von Holzschutzmitteln 64, 102, 110–111
Zunderschwamm 20